"十三五"职业教育国家规划教材（修订版）

幼儿科学教育活动设计与指导

（第2版）

主　编　祝耸立
副主编　高　群
参　编　卫　靖　刘红玲　咸立丽

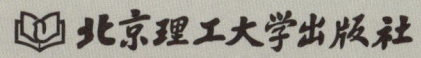

北京理工大学出版社
BEIJING INSTITUTE OF TECHNOLOGY PRESS

版权专有 侵权必究

图书在版编目（CIP）数据

幼儿科学教育活动设计与指导 / 祝筀立主编 . -- 2版 . -- 北京：北京理工大学出版社，2022.2

ISBN 978-7-5763-1042-9

Ⅰ.①幼… Ⅱ.①祝… Ⅲ.①学前教育 - 科学技术 - 活动课程 Ⅳ.①G613.3

中国版本图书馆 CIP 数据核字（2022）第 030691 号

出版发行 / 北京理工大学出版社有限责任公司
社　　址 / 北京市海淀区中关村南大街 5 号
邮　　编 / 100081
电　　话 /（010）68914775（总编室）
　　　　　（010）82562903（教材售后服务热线）
　　　　　（010）68944723（其他图书服务热线）
网　　址 / http://www.bitpress.com.cn
经　　销 / 全国各地新华书店
印　　刷 / 定州市新华印刷有限公司
开　　本 / 889 毫米 × 1194 毫米　1/16
印　　张 / 11
字　　数 / 213 千字
版　　次 / 2022 年 2 月第 2 版　2022 年 2 月第 1 次印刷
定　　价 / 75.00 元

责任编辑 / 张荣君
文案编辑 / 张荣君
责任校对 / 刘亚男
责任印制 / 边心超

图书出现印装质量问题，请拨打售后服务热线，本社负责调换

前 言

近年来,我国的学前教育发展迅速,尤其是《3~6岁儿童学习与发展指南》的颁布,为学前教育提供了更加明确的指导。根据学前教育的发展现状,结合教学的新理念、新趋势,我们编写了本书。本书力求适应学生学习和教师教学的特点,内容简明扼要,注重理论与实践的结合,体现出知识的可操作性,便于学生掌握。

本书打破了原有的学科内容结构,不求完整全面的知识体系,而是从幼儿园科学教育中选取了10种典型活动进行阐述,具体包括观察认识活动、实验探究活动、科技制作活动、种植活动、饲养活动、计数活动、10以内加减运算活动、认识几何形体活动、分类活动和排序活动。本书从单元二开始,以每个活动为一个单元,通过讲解活动和案例,用实践带动相关理论知识的学习,根据学生的心理,每个单元都分为学习目标、情境创设、基本知识、案例评析、知识巩固、实践训练6个部分,从明确学习目标开始,到最后的实践反馈,形成了一个闭合的学习链条,符合任务引领、学做结合、理实一体等教学原则。

编者在本书的编写过程中参考和引用了一些专家和学者的成果,在此表示衷心感谢。由于编者水平有限,而且时间仓促,书中难免存在不妥之处,望广大读者批评指正。

编　者

目录 Contents

- **单元一　学前儿童科学教育概述**……………………1
  - 一、学前儿童科学教育的内涵……………………2
  - 二、学前儿童科学教育的目标……………………6
  - 三、学前儿童科学教育的内容……………………9
  - 四、学前儿童科学教育的方法……………………11
  - 五、学前儿童科学教育的实施形式………………14

- **单元二　观察认识活动**…………………………21
  - 一、观察认识活动概述……………………………22
  - 二、观察认识活动的设计…………………………25
  - 三、观察认识活动的指导…………………………27

- **单元三　实验探究活动**…………………………34
  - 一、实验探究活动概述……………………………36
  - 二、实验探究活动的设计…………………………40
  - 三、实验探究活动的指导…………………………43

- **单元四　科技制作活动**…………………………49
  - 一、科技制作活动概述……………………………51
  - 二、科技制作活动的设计…………………………53
  - 三、科技制作活动的组织指导……………………55

- **单元五　种植活动**………………………………64
  - 一、种植活动概述…………………………………67
  - 二、种植活动的设计………………………………68
  - 三、种植活动的组织指导…………………………71
  - 四、种植实例………………………………………71

- ◆ 单元六　饲养活动……………………………………77
  - 一、饲养活动概述………………………………………79
  - 二、饲养活动的设计……………………………………80
  - 三、饲养活动的组织指导………………………………83

- ◆ 单元七　计数活动……………………………………89
  - 一、计数活动概述………………………………………90
  - 二、各年龄班级计数活动的教学目标…………………93
  - 三、计数活动的设计与组织……………………………94

- ◆ 单元八　10以内加减运算活动………………………103
  - 一、掌握10以内加减运算的心理基础简述……………104
  - 二、10以内加减运算活动的设计………………………109
  - 三、10以内加减运算活动的组织指导…………………112

- ◆ 单元九　认识几何形体活动…………………………117
  - 一、认识几何形体活动概述……………………………118
  - 二、认识几何形体活动的设计…………………………122
  - 三、组织指导认识几何形体活动的注意事项…………128

- ◆ 单元十　分类活动……………………………………136
  - 一、分类活动概述………………………………………137
  - 二、各年龄班级分类活动的教学目标…………………142
  - 三、分类活动的设计与指导……………………………142

- ◆ 单元十一　排序活动…………………………………152
  - 一、排序活动概述………………………………………153
  - 二、排序活动的心理基础………………………………159
  - 三、各年龄班级排序活动的目标及指导………………160

- ◆ 参考文献………………………………………………167

单元一　学前儿童科学教育概述

学习目标

1. 知识目标

了解科学和科学教育的概念，理解学前儿童科学教育的特点，基本把握学前儿童科学教育的内容、方法和实施形式。

2. 能力目标

掌握学前儿童科学教育目标的构成，并能够运用学前儿童科学教育的目标来衡量、评价教育活动。

3. 情感目标

初步形成对学前儿童科学教育的兴趣，培育学前儿童的科学精神及创新意识。

情境创设

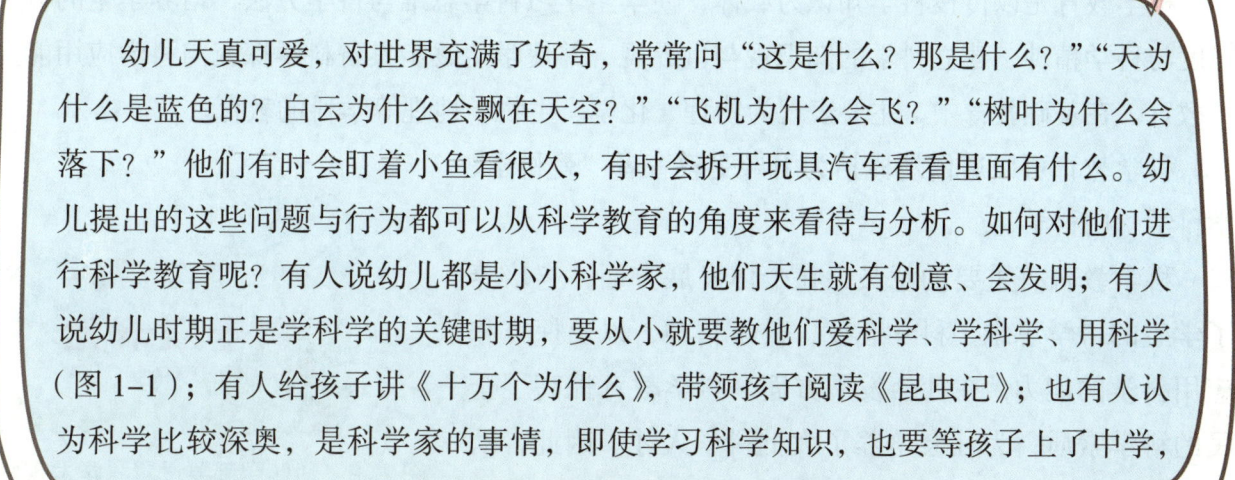

幼儿天真可爱，对世界充满了好奇，常常问"这是什么？那是什么？""天为什么是蓝色的？白云为什么会飘在天空？""飞机为什么会飞？""树叶为什么会落下？"他们有时会盯着小鱼看很久，有时会拆开玩具汽车看看里面有什么。幼儿提出的这些问题与行为都可以从科学教育的角度来看待与分析。如何对他们进行科学教育呢？有人说幼儿都是小小科学家，他们天生就有创意、会发明；有人说幼儿时期正是学科学的关键时期，要从小就要教他们爱科学、学科学、用科学（图1-1）；有人给孩子讲《十万个为什么》，带领孩子阅读《昆虫记》；也有人认为科学比较深奥，是科学家的事情，即使学习科学知识，也要等孩子上了中学，

孩子天真活泼，不应该过早学习科学知识，以免压制他们的天性。那么，要不要让幼儿学习科学知识呢？幼儿学习科学知识有什么意义？怎样教幼儿学习科学知识？是不是像中小学生那样学习自然常识或者物理、化学、生物呢？幼儿园应该怎样进行科学教育呢？

香蕉为什么是弯的？
在生长过程中，香蕉都是向光伸展的，由于香蕉一簇一簇地紧挨着，沿着根状茎的旁侧往上生长，受重力影响，就慢慢弯曲了。

图1-1　从小爱科学、学科学、用科学

基本知识

一、学前儿童科学教育的内涵

（一）什么是科学教育

科学教育是以传授科学知识为载体，使学生学习科学思维与科学方法，培养学生的科学态度与科学精神、建立科学的知识观与世界观，并使学生逐步具备科学探究与科学应用能力的教育。在基础教育中，主要表现为物理、化学、生物、地理等学科的教育。

科学教育可以通俗地概括为引导受教育者"爱科学、学科学、用科学"。

科学教育有重要的意义，在个体发展方面，它培养了学生的科学思维、科学态度、科学精神，以及探究和应用科学的能力；在社会发展方面，科学教育提高了全民的科学素质，为社会培养了大批科学人才。因此，幼儿园中都要设置科学发现室（图1-2）或科学角。

图1-2　幼儿园都要设置科学发现室

（二）什么是学前儿童科学教育

学前儿童科学教育即对 0~6 岁幼儿进行的科学教育，其中又以 3~6 岁幼儿的科学教育为主。学前儿童与中小学生相比有其独特之处，因此学前儿童科学教育也与中小学的科学教育有所不同，不仅是所学知识更简单，在很多方面也有其自身的特点。

1. 教育目标方面侧重对科学态度、科学情感的培养以及初步的科学知识、科学思维的学习

学前儿童的认知能力比较低，教育主要是情感、态度的教育，以及初步的知识、思维和习惯的养成等，因此，学前儿童科学教育的重点是激发他们对科学的兴趣，再将科学知识和科学思维教育相结合，让他们喜欢科学、相信科学。

2. 教育内容具有经验性、生成性与主题化等特点

（1）经验性，即学前儿童科学教育的内容主要来自幼儿对世界的感性经验和直接知识。因为幼儿的抽象思维能力比较低，还不足以学习间接知识，所以教育主要依赖其直观感受，教育内容需要紧密贴近生活实际，使其可感、可学。同时，由于存在经验性，教育内容不能是科学理论、科学概念，而应是一些可以直观感知的科学现象。比如幼儿能学习日出日落的现象（这是可感知的经验），但不能理解造成日出日落的原因是地球自转；再如幼儿发现卧室的门在开关的时候总是"吱吱"地响，他就会进行探究，一次次地开关之后，他发现开关的时候速度慢一点门就不响了，后来他又发现开关时用力向上提着也不响；还有，在一次幼儿吹泡泡（图 1-3）的游戏中，老师给了他们粗细不同的吸管，一个幼儿经过探究，发现吸管太粗或太细都不容易吹出泡泡，而粗细适中的吸管很容易吹出泡泡。诸如此类的这些活动可能算不上严格的科学，只是经验层面的探究，但它们对于幼儿来说却是很好的科学教育活动。

图 1-3　吹泡泡

（2）生成性，即学前儿童科学教育的很多内容不是老师所预先计划设定的，而是在幼儿的生活游戏中、在师幼互动的过程中产生的。这样的教育活动具有随机性、偶发性，是人或事物的发展规律的自在性的表现。教师要根据幼儿的兴趣，根据具体情况，及时把握教育机会生成教育活动。学前教育中有较多的生成性课程，主要是因为幼儿的注意能力发展不足、自我控制力比较差、情绪情感不稳定，所以在生活、游戏、活动中会发生很多不可预知的情况，教师要尊重幼儿的主体性，因势利导，利用幼儿的天性和兴趣，适时地教育他们。比如在某个活动中，幼儿们的注意力突然都转向了墙上的一个飞动的光影，原来是老师的手表反射的光（图1-4），于是老师停下了原有的教学活动，以"光的反射"为主题进行了一次教育活动；再比如，秋季的某一天，刮过风后，地上有很多落叶，幼儿在户外活动时看到了落叶，教师也觉得这是一个认识树叶（图1-5）的机会，于是带领大家捡树叶，之后又进行观察、比较、分类、讲解等，使幼儿对树叶有了初步了解。

图1-4　主题活动：光的反射

图 1-5　认识树叶

（3）主题化，即学前儿童科学教育往往不是遵照科学的逻辑关系和严密的学科体系展开的，而是围绕生活或游戏中的某一主题进行的。因为教育内容来源于生活经验，而经验是由事件组成的，并不是按照科学顺序排列的，所以教育往往依照事件组织主题活动，造成其所学知识是零散的。幼儿科学教育的重点不应该是学习关联性与系统化的知识，而应该是就主题知识的学习体验知识背后的思维，改善幼儿的思维品质，教育活动不需要遵循知识的逻辑，但要遵循思维的逻辑。比如中学生学习物理时要先学力学，再学电学，因为二者有逻辑联系，而在幼儿园，却可以先学习一个"电"的主题，再学习一个"力"的主题，但无论先学哪一个主题，教师都需要在幼儿生活经验的基础上对他们进行恰当的知识讲解与合理的思维训练。

3. 教育过程具有探究性

科学的本质在于探究，学前儿童好奇心强，喜欢探究，但是他们认知水平低，以直觉动作思维和具体形象思维为主，只有通过感官观察、动手操作才能获得内化的科学知识。所以，科学探究是学前儿童科学教育的核心，学前儿童科学教育的过程是幼儿在教师指导下进行自主探究的过程。

4. 教育方法具有直观形象性、操作性和自主性

学前儿童科学教育方法应具有直观形象性，尽量使用实物或图片等，这样适合他们直观

形象的思维方式；学前儿童科学教育方法还应具有可操作性，让幼儿"从做中学"，适应他们动作思维的特点；学前儿童科学教育采用的方法要以幼儿自主探究（图1-6）为主，强制和灌输没有意义，要尊重幼儿的思维水平和接受能力，利用环境和教具使幼儿在好奇和兴趣的引导下自主学习。

图1-6　幼儿自主探究

二、学前儿童科学教育的目标

按照教育目标分类理论，教育目标一般可分为知识目标、能力目标、情感目标，但由于学前儿童科学教育的特殊性，可把学前儿童科学教育的目标概括为科学情感与态度、科学方法与能力、科学知识与经验三个方面。

对于我国学前儿童科学教育的目标，教育部在2001年颁布的《幼儿园教育指导纲要（试行）》中给出了明确规定，相关内容如下：

（1）对周围的事物、现象感兴趣，有好奇心和求知欲。

（2）能运用各种感官，动手动脑，探究问题。

（3）能用适当的方式表达、交流探索的过程和结果。

（4）能从生活和游戏中，感受事物的数量关系并体验数学的重要和有趣。

（5）爱护动植物，关心周围环境，亲近大自然，珍惜自然资源，有初步的环保意识。

2012年颁布的《3~6岁儿童学习与发展指南》则进一步把科学教育的目标分为"科学探究"和"数学认知"两部分，而每个部分又分别从三个方面进行了更加具体的描述。

（一）科学探究

（1）亲近自然，喜欢探究。科学探究目标1见表1-1。

表1-1 科学探究目标1

年龄段	3~4岁	4~5岁	5~6岁
目标	1.喜欢接触大自然，对周围的很多事物和现象感兴趣 2.经常问各种问题，或好奇地摆弄物品	1.喜欢接触新事物，经常问一些与新事物有关的问题 2.常常动手、动脑探索物体和材料，并乐在其中	1.对自己感兴趣的问题总会刨根问底 2.能经常动手动脑寻找问题的答案 3.在探索中有所发现时感到兴奋和满足

（2）具有初步的探究能力。科学探究目标2见表1-2。

表1-2 科学探究目标2

年龄段	3~4岁	4~5岁	5~6岁
目标	1.对感兴趣的事物能仔细观察，发现其明显特征 2.能用多种感官或动作探索物体，关注动作产生的结果	1.能对事物或现象进行观察比较，发现其相同与不同 2.能根据观察结果提出问题，并大胆猜测答案 3.能通过简单的调查收集信息 4.能用图画或其他符号记录信息	1.能通过观察、比较与分析，发现并描述不同种类物体的特征或某个事物前后的变化 2.能用一定的方法验证自己的猜测 3.在成年人的帮助下能制定简单的调查计划并执行 4.能用数字、图画、图表或其他符号记录 5.在探究中能与他人合作与交流

（3）在探究中认识周围的事物和现象。科学探究目标3见表1-3。

表1-3 科学探究目标3

年龄段	3~4岁	4~5岁	5~6岁
目标	1.认识常见的动植物，能注意并发现周围的动植物是多种多样的 2.能感知和发现物体和材料的软硬、光滑和粗糙等特性 3.能感知和体验天气对自己生活和活动的影响 4.初步了解和体会动植物与人们生活的关系	1.能感知和发现动植物的生长变化及其基本条件 2.能感知和发现常见材料的溶解、传热等性质或用途 3.能感知和发现简单物理现象，如物体形态或位置变化等 4.能感知和发现不同季节的特点，体验季节对动植物和人们的影响 5.初步感知常用科技产品与自己生活的关系，知道科技产品对人们有利也有弊	1.能察觉到动植物的外形特征、习性与生存环境的适应关系 2.能发现常见物体的结构与功能之间的关系 3.能探索并发现常见物理现象产生的条件或影响因素，如影子、沉浮等 4.感知并了解季节变化的周期性，知道变化的顺序 5.初步了解人们的生活与自然环境的密切关系，知道尊重和珍惜生命，保护环境

7

（二）数学认知

（1）初步感知生活中数学的有用和有趣。数学认知目标1见表1-4。

表1-4　数学认知目标1

年龄段	3~4岁	4~5岁	5~6岁
目标	1.感知和发现周围物体的形状是多种多样的，对不同形状感兴趣 2.体验和发现生活中很多场景都会用到数字	1.在指导下可以感知和体会有些事物可以用形状来描述 2.在指导下可以感知和体会有些事物可以用数来描述，对环境中各种数字的含义有进一步探究的兴趣	1.能发现事物简单的排列规律，并尝试创造新的排列规律 2.能发现生活中许多问题都可以用数学的方法来解决，体验解决问题的乐趣

（2）感知和理解数、量及数量关系。数学认知目标2见表1-5。

表1-5　数学认知目标2

年龄段	3~4岁	4~5岁	5~6岁
目标	1.能感知和区分物体的大小、多少、高低、长短等量方面的特点，并能用相应的词表示 2.能通过一一对应的方法比较两组物体的多少 3.能手口一致地点数5个以内的物体，并能说出总数，能按数取物 4.能用数词描述事物或动作，如我有4本图书	1.能感知和区分物体的粗细、厚薄、轻重等量方面的特点，并能用相应的词语描述 2.能通过数数比较两组物体的多少 3.能通过实际操作理解数与数之间的关系，如5比4多1；2和3加在一起是5 4.会用数词描述事物的排列顺序和位置	1.初步理解量的相对性 2.借助实际情境和操作（如合并或拿取）理解"加"和"减"的实际意义 3.能通过实物操作或其他方法进行10以内数字的加减运算 4.能用简单的记录表、统计图等表示简单的数量关系

（3）感知形状与空间关系。数学认知目标3见表1-6。

表1-6　数学认知目标3

年龄段	3~4岁	4~5岁	5~6岁
目标	1.能注意物体较明显的形状特征，并能用自己的语言描述 2.能感知物体基本的空间位置与方位，理解上下、前后、内外等方位词	1.能感知物体的形体结构特征，画出或拼搭出该物体的模型 2.能感知和发现常见几何图形的基本特征，并能进行分类 3.能使用上下、前后、内外、中间、旁边等方位词描述物体的位置和运动方向	1.能用常见的几何形体有创意地拼搭和画出物体的模型 2.能按语言指示或根据简单示意图正确取放物品 3.能分出左右

单元一　学前儿童科学教育概述

三、学前儿童科学教育的内容

如图 1-7 所示，开展学前儿童科学教育是很有必要的，学前儿童科学教育的内容主要包括以下四个方面。

图 1-7　常见的学前儿童科学教育

（一）身边物质的特点及其规律

身边物质包括有生命的动植物和无生命的物质，具体包括以下内容。

1. 有生命的动植物

（1）常见植物的根、茎、叶、花、果的不同特征及其用途。

（2）常见动物的形态、特征。

（3）常见动植物的生长规律、生活习性。

（4）常见动植物的种类及其特征。

2. 无生命物质

（1）水。

（2）沙、石、土。

（3）空气。

（4）常见矿物，如金属、煤、石油等。

（二）身边的自然科学现象及其规律

1. 天文现象

天文现象主要包括日、月、星的相关知识及规律。

2. 天气与季节

（1）冷、热、阴、晴、风、云、雨、雪等天气变化。
（2）春、夏、秋、冬等季节变化。

3. 物理现象

（1）光。
（2）声。
（3）电。
（4）磁。
（5）热。
（6）力与运动。

4. 化学现象

常见的化学现象有燃烧、霉变、发酵、生锈等。

（三）初步数概念的理解及简单的数学方法的运用

学前儿童的数概念的形成是一个逐渐发展和建构的过程，主要内容有感受和认知集合、数、形、量、空间与时间等，具体包括：

（1）集合概念：分类，认识"1"和"许多"，比较多少。
（2）数概念及运算：基数、序数，数与数的关系，数的守恒，10以内数字的加减运算。
（3）常见图形：圆形、正方形、长方形、三角形、椭圆形、梯形。
（4）量的概念：进行量的比较、排序，理解量的相对性和量的守恒，理解整体与部分的关系。
（5）空间与时间：在空间方位上，认识上下、前后、内外、中间、旁边等，并分出左右；在时间上，区分早晨、中午、晚上、白天、黑夜，昨天、今天、明天。

（四）生活中的科学技术

（1）科学技术在家庭生活中的应用，如家用电器、浴具、厨具等的应用。
（2）科学技术在社会生产和社会生活中的应用，如在工农业机械、交通工具、城市交通、通信、建设等中的应用。

学前儿童科学教育内容分类见表1-7。

表 1-7　学前儿童科学教育内容分类

主要内容	分类项目	具体内容
身边的物质的特点及其规律	动植物	特征、生长规律、生活习性、用途、种类
	无生命物质	认识水,沙、石、土,空气,常见矿产物
身边的自然科学现象及其规律	天文现象	日、月、星
	天气与季节	天气现象、季节变化
	物理现象	光、声、电、磁、热、力与运动
	化学现象	燃烧、霉变、发酵、生锈等
初步数概念的理解及简单数学方法的运用	集合概念	分类,认识"1"和"许多",比较多少
	数概念及运算	基数、序数,数与数的关系,数的守恒,10以内的加减运算
	常见图形	圆形、正方形、长方形、三角形、椭圆形、梯形
	量的概念	进行量的比较、排序,理解量的相对性和量的守恒,理解整体与部分的关系
	空间与时间	认识上下、前后、里外、中间、旁边等,并辨别左右;区分早晨、中午、晚上,白天、黑夜,昨天、今天、明天
生活中的科学技术	科学技术在家庭生活中的应用	家用电器、浴具、厨具等
	科学技术在社会生产和社会生活中的应用	工农业机械、交通工具、城市交通、通信、建设等

从一定意义上说,几乎生活生产中的一切都可以是幼儿科学教育的内容,但面对浩瀚的知识海洋,教师要经过合理地选择与加工,才能使之成为适合幼儿学习的内容。

四、学前儿童科学教育的方法

1. 指导观察法（图 1-8）

观察法是人们进行科学研究、科学探索的基本方法之一,是指通过对事物及其变化进行一定时间的观察,逐步认识其本质及规律的方法。幼儿学习科学的活动类似于科学家的研究探索活动,观察也是基本的方法,但不同之处在于幼儿的观察是在教师指导下进行的,观察的对象和环境都是教师预先设置好的,观察过程中也贯穿着教师的指导。例如,在观察水果的活动中,老师把橘子和柚子放在一起让幼儿观察,幼儿也能够通过外形看出它们科学属性上的差异。在教师的指导下,幼儿的观察学习才是高效的,既尊重了幼儿自主学习的特点,又体现了教师的主导性。

图 1-8　指导观察法

2. 指导实验法（图 1-9）

实验法是科学研究重要的方法之一，它是观察法的衍生和改进。观察对象的自然情境常常不符合人们所期待的观察条件，于是就通过人工对自然条件进行干预，在特定的人造情境下观察对象的特性及变化，探究事物的本质和规律，这就是实验法。学前儿童科学教育中的实验也不同于科学家的实验，它是在教师指导下进行的，并不是一种科研方法，而是一种教育方法，因此称之为"指导实验法"，但这并不是教师手把手地教幼儿做实验，而是教师通过提供实验用品，以及在实验过程中适当地帮助、点拨等来引导幼儿进行科学研究。

图 1-9　指导实验法

3. 指导制作法（图1-10）

制作是发明家和工人的劳动形式，但二者的制作又有所不同：发明家是根据科学原理研制出产品，带有首创性；工人则是依据已有的产品进行复制。幼儿的制作活动兼具两者的特征，他们主要是复制，但在复制过程中又有很多自主探究。例如制作风向标，幼儿在尝试与失败中就能够逐渐理解风向标的原理，知道制作关键是要有自由转动的轴和受风面大的尾翼，在这一基本前提下，幼儿又可以发挥创造力，制作出各种各样的风向标。当然，在制作过程中，教师的指导也有很重要的作用，故称之为"指导制作法"。教师的指导让幼儿的探究在合理的范围内进行，教师引导探究的方向，使探究过程简单化、科学化，让幼儿既体验和学习了科学探究的过程与方法，又不会由于迷失方向和失败多次而丧失信心。

图1-10　指导制作法

4. 讲解法（图1-11）

讲解法就是教师通过语言向幼儿讲述或解释某些事物，使其认识事物的本质及规律的一种方法。相对于直接观察与动手操作而言，语言是比较抽象的，它传达的是间接的知识与经验，这可能不利于儿童的理解与接受，但在学前教育中，讲解是必不可少的。虽然在学前儿童科学教育中提倡和鼓励幼儿的自主探究，但进行合理的讲解也是必要的，因为人通过直观感知和操作能够获得的知识是有限的，更多的知识只能依靠间接经验获得。语言是思维的结晶，语言也是培养幼儿思维的手段，只要表述合理，语言讲解也完全可以被幼儿接受与理解。

图 1-11　讲解法

5. 讨论法

讨论法是指幼儿在教师的指导下，围绕某一主题进行交流，陈述所知、表达观点、提出疑问，达到相互促进、共同提高的目的。讨论一般由教师主持，这样可以对讨论进行整体的把控，使讨论围绕主题开展，教师把握方向、时间、气氛等，并使讨论遵守规则。讨论法的关键是幼儿相互之间的激发与互动，只有这样才可以互相发现问题、引发思考、共同进步，如果没有激发与互动，讨论就成了轮流地讲述，失去了其本身的价值。对于幼儿而言，因其思维水平有限，讨论主要以陈述所知为主，表达看法时往往只是简单的对错，但相互的激发与互动是可以做到的，只要教师引导和控制得当，幼儿有一定的准备，讨论法在科学教育中是可以发挥一定作用的。

6. 游戏法

游戏法即通过游戏进行科学教育。在很多游戏中都可以引导幼儿进行科学知识的学习与探究，如在结构游戏中，通过把玩材料，可以获得物体的分解与合成的经验，学习数量、几何形体的概念，以及各种空间关系等；而在制作游戏中，幼儿则学习了物体的结构知识及工作原理等；在想象性游戏中幼儿也常常伴随着科学知识的学习与探究。

各种方法都贯穿幼儿的日常活动，从集体的教学活动到区角活动，从教学、游戏到生活，时刻都在应用各种方法。在实际活动中，方法的使用是灵活多样的，教师要根据幼儿的年龄特点和活动目标，围绕活动的核心内容，具体情况具体分析，合理地选择教育方法。

五、学前儿童科学教育的实施形式

就幼儿园而言，科学教育活动的实施形式主要包括以下几方面内容。

单元一 学前儿童科学教育概述

1. 集体科学教育活动

集体科学教育活动是指教师有目的、有计划地组织全班幼儿进行的教育活动，这是我国目前幼儿园教育中最普遍的形式，这一形式应用于科学教育领域即为集体科学教育活动。集体科学教育活动可分为观察认识活动、实验探究活动、科技制作活动和讨论交流活动。

2. 科学区角活动（图1-12）

集体教育活动有利于教师发挥主导性，但也存在着容易忽略幼儿的个性与创造性的不足。因此，科学区角活动就成为集体教育活动的有益补充。在科学区角中，幼儿可以自主选择活动内容、活动材料、活动方式，根据自己的兴趣和学习特点进行科学探究与科学游戏。学前儿童的科学区角主要包括科学发现区、自然角和种植园。另外，在沙水区、阅读区、建构区、艺术区等也有很多科学活动。其中，种植和饲养是科学区角活动中较为主要的活动内容。

图1-12 科学区角活动

3. 生活中的科学教育

日常生活也是对幼儿进行科学学习和探究活动的重要途径。在生活中，教师要利用各种时机进行随机科学教育，可以在室内，也可以在室外；可以针对个别幼儿，也可以由某一事件引发小组或集体的科学探究。例如，在郊游、采摘、参观甚至进餐、饮水、着装等生活活动中，都蕴含着很多科学教育的机会，如果把握得当，都可以进行适宜的科学教育。

4. 科学游戏

游戏既是学前儿童科学教育的一种方法，也是幼儿园一日活动的组成部分，还是学前儿童科学教育的一种实施形式。在游戏中，幼儿可以随心所欲地玩耍，在"玩中学"，心情十分轻松愉悦，充分体现了寓教于乐和尊重儿童主体性的原则。

15

案例评析

案例一：大班科学活动——"膨胀"

一天，大班的刘老师因为嗓子疼就在水杯里泡了胖大海，在喝水的过程中，胖大海逐渐膨胀起来，有的幼儿就注意了这个现象，一个小圆球竟变成了这么大一团，就问刘老师："这是什么？它有什么用？为什么会变大？"，老师因此受了启发，设计了一个大班科学活动——"膨胀"。刘老师首先以胖大海为例让幼儿认识了膨胀现象（图1-13），然后让幼儿自己操作探究还有哪些东西会膨胀。于是刘老师找来水盆，还找了生活中多种常见的材料，如塑料玩具片、钥匙、紫菜、木耳、黄豆等，让幼儿实验区分哪些材料会膨胀，哪些材料不会膨胀。之后，刘老师进一步地让幼儿探究哪些材料膨胀速度快，哪些材料膨胀速度慢，在冷水和热水中膨胀的速度有什么不同。最后，刘老师将讨论的话题又引向生活，问："生活中还有哪些材料会膨胀？遇到什么情况会膨胀？"有生活经验的幼儿能脱口而出："气球吹气之后会膨胀，爆米花在微波炉里遇热膨胀……"这一引导又一次激发幼儿思考，将幼儿的认知范围放大、拓宽。

图1-13 胖大海的膨胀

评析：

这个活动很鲜明地体现了幼儿科学教育的特点。首先，膨胀的现象对于幼儿而言是很有吸引力的，一个物体会慢慢变大，体积、形状、质地都发生了变化，这在幼儿看来是非常神奇的现象，所以教师的选题很切合幼儿心理。其次，这一活动是生动的，老师在喝水的过程中，幼儿观察到了胖大海的变化，教师也及时发现了幼儿的关注点、兴趣点，敏锐地捕捉到了教育机会并开发出活动课程，这不仅是知识的教学，也是对幼儿观察力和好奇心的强化。最后，以膨胀为主题组织课程，以主题活动的形式进行科学教育。幼儿眼里的膨胀不同于成年人，从成年人的认知角度来看，胖大海、紫菜、木耳、黄豆、气球、爆米花等的膨胀完全不同，它们有的属于物理现象，有的属于化学现象，有的属于生物现象，是有不同科学原理的，但幼儿并不会做这种区分，在他们看来都是变大了，都是膨胀了。所以，这样的设计虽然打破了学科知识的逻辑，但却符合幼儿经验的逻辑。

案例二：大班系列科学活动——动物分类

一、活动目标

（1）通过分类，让幼儿进一步掌握各种动物的不同特征和生活习性。

（2）发展幼儿分析、概括的能力。

（3）培养幼儿的环境保护意识和爱护动物的良好习惯。

二、活动准备

（1）在活动区投放有关图书，为幼儿带来感性经验。

（2）动物头饰、玩具、配套图片、卡片、幼儿用书。

活动一："动物找家"（图1-14）游戏

在地上画几个圈，代表天空、海洋、山林、草地等，是不同动物的"家"。幼儿戴动物头饰，随音乐做模仿动作，音乐停，幼儿迅速跑回"家"中，互相检查有无错误。之后，幼儿互换动物头饰，反复游戏。

图 1-14　动物找家

活动二："动物餐厅"游戏

在三张桌子上分别放上肉，鱼，虫和草，树叶，果子等，代表肉食与草食。幼儿戴上动物头饰，随铃声做模仿动作，听到"餐厅开饭了"的号令，迅速跑到一个桌旁坐下，模仿动物吃食（不要让幼儿吃食物，以免发生危险），然后，互相介绍自己爱吃什么。之后，幼儿互换动物头饰，反复游戏。

活动三：对动物进行多角度分类（图 1-15）

建造动物园，对动物分类管理，引导幼儿从多角度分类。

动物按居住地分为：海洋动物、山林动物、草地动物。

动物按食性分为：肉食动物、草食动物。

动物按腿的数量分为：两条腿动物、四条腿动物、六条腿动物、没有腿动物等。

动物按活动方式分为：走、跑、跳、爬、游、飞等。

活动四：鱼虫鸟兽

（1）将代表各种动物的绒布教具藏在各处，让幼儿寻找。

（2）将绒板分为四块，分别代表鱼、虫、鸟、兽的分区。

（3）让幼儿将手中的动物绒布送到 4 块绒板上，互相检查有无错误，允许争论。

（4）分组讨论鱼、虫、鸟、兽的各自特征。鱼：生活在水中，有鳍，用鳃呼吸；昆虫：六条腿，两对翅膀，有触角；鸟：两个翅膀，两条腿，有羽毛，会生蛋；兽：有皮毛，四条腿，会生幼崽。

（5）出示代表蝴蝶、海豹、鸵鸟等的绒布，思考它们属于哪一类。

活动五：区角活动（图 1-16），制作"动物分类册"，鼓励每个幼儿按照自己的意愿进行，并说明为什么这样做

图 1-15 对动物进行多角度分类

图 1-16 区角活动：动物分类

评析：

这是以动物的分类为主题的系列活动，活动把游戏和教学结合在一起，把对动物知识的学习与分类思维的练习整合在一起，活动的设计从单角度分类到多角度分类，从知识学习到动手制作，由易到难，循序渐进。另外，值得注意的是，活动设计中包括了按居住地、按食性、按腿的数量、按活动方式等为动物分类，严格来说，这些分类标准都不够科学，因为每一个分类标准都会遇到困难，即有的动物都不属于任何一类，有的则可以同时属于某几类，而真正的动物科学中是按有无脊椎分类的。虽然不够科学，但是恰好体现了学前儿童科学教育的特点，由于活动内容的设计是符合幼儿的生活经验和直观感受的，在这一基础上，幼儿

学习了关于动物的知识，并且练习了分类（尤其是多角度分类）的思维方式，尽管这些分类标准还不够严谨，但它们只是比科学家的分类标准幼稚一些。其实，即使动物学家按照科学的方法给动物分类，也同样会面临某些动物无法归类的尴尬。可见，无论是科学家还是幼儿，分类思维方式是一样的，因此该活动中的分类方式虽然不太科学，但作为教育幼儿学习分类思维的内容而言，也是适当的。

知识巩固

1. 名词解释

科学教育　　教育内容的生成性　　教育内容的主题化

2. 简答

（1）简述学前儿童科学教育的特点。

（2）《3~6岁儿童学习与发展指南》把科学教育的目标分为哪几个方面？

（3）学前儿童科学教育的内容主要有哪些？

（4）学前儿童科学教育的方法主要有哪几种？

（5）学前儿童科学教育有哪些实施形式？

实践训练

（1）到幼儿园实习，通过阅读其活动计划（学期活动计划、月计划、周计划）及教案、观摩班级活动等形式，了解其科学教育的内容、形式和方法。

（2）设计训练。

表1-8是某幼儿园中班第二学期的科学活动计划，请以此为参照，设计一个大班第一学期科学活动计划。

表1-8　某幼儿园中班第二学期的科学活动计划

时间	科学活动内容
3月	1. 动物怎样活动：跑、跳、游、飞、爬 2. 动物餐厅：动物吃什么 3. 动物的家 4. 睡觉的动物 5. 数字的形成
4月	1. 我爱春天（系列活动）：小小侦察员，小园艺师，种子发芽，有趣的小蝌蚪、小蜗牛 2. 数字的实际意义 3. 按用途给物品分类 4. 春天的自然角

续表

时间	科学活动内容
5月	1. 会变的颜色 2. 自制饮料 3. 数的大小（系列活动）：看数字数串珠、看数字印花样、扑克牌游戏、滚球游戏 4. 相邻数
6月	1. 炎热的夏天（系列活动）：夏天的天气、夏日美味、蜻蜓和蚊蝇、防暑 2. 夏天的自然角 3. 认识序数 4. 单数与双数
7月	1. 水的游戏（系列活动）：水中夹豆、"水球"比赛、小快艇、沉与浮 2. 不能没有水：水的用处，怎样用水

单元二　观察认识活动

学习目标

1. 知识目标

了解观察认识活动的概念和分类；理解观察认识活动的心理过程；理解观察认识活动的设计与组织指导中的规律。

2. 能力目标

初步掌握设计观察认识活动的能力；基本掌握观察认识活动的组织与指导能力。

3. 情感目标

在日常生活和教育教学活动中，逐渐养成用科学的观察方法去探究事物本质的习惯。

情境创设

如图 2-1 所示，今天李老师开展了科学活动——认识西红柿，他先拿出几个西红柿给幼儿看，提醒幼儿仔细观察，然后问"西红柿是什么颜色的？""红色的。""是什么形状的？""圆形的。"接着，请幼儿摸一摸西红柿，问"摸起来是什么感觉"，引导幼儿说出"光滑的、柔软的"等答案，再请幼儿闻一闻，问"西红柿闻起来是什么气味的"，最后把更多的西红柿分发给幼儿，让每个幼儿都感受一下，说一说西红柿的特点。

张老师认为李老师的教育活动还存在不足之处，幼儿对西红柿的认识不够充分，于是张老师又在活动中增加了以下内容：她把西红柿切开，引导幼儿观察西红柿里面是什么样子，西红柿里面有红色的汁液，瓤内有籽、有脉络，然后让幼儿尝一尝，并说出西红柿的口感。午餐时，张老师又做了西红柿炒鸡蛋这道菜，

告诉幼儿这是炒熟的西红柿，并简单介绍了西红柿的食用方法和营养价值等。

图 2-1 认识西红柿

李老师和张老师的课都属于科学活动中的观察认识活动。请问她们的教育活动成功吗？应该怎样引导幼儿认识西红柿？观察认识科学活动应该怎样设计？又该怎样组织指导具体活动过程？

基本知识

一、观察认识活动概述

（一）观察认识活动的概念

观察认识活动是学前儿童科学教育的重要形式，它是指在教师的指导下，幼儿通过以视觉为主的各种感官获得事物的信息，并对信息进行整理，从而掌握初步概念的过程。也就是说，观察认识活动包括两个阶段：一是通过以视觉为主的感官来获得事物的信息，二是通过思维活动对这些信息进行加工整合。因为感官只能获得事物的直观信息，还不能形成对事物的整体认识，所以还要使用更高级的思维活动对这些零散的信息进行加工和整合，让学前儿童形成对事物整体的认识，获得事物的科学概念或接近科学概念。比如观察认识兔子时，幼儿开始可能会获得各方面的信息，如白色的、灰色的，长耳朵，长着细细密密的毛，摸起来很温暖也很柔软，蹦蹦跳跳等，但只知道这些是不够的，幼儿只有认识到了兔子具有短尾巴、上唇有唇裂、食草等特征之后，才算掌握了关于兔子的较为科学的概念。

所以，幼儿对事物的认识未必需要直接获得科学概念，而是可以逐渐接近科学概念，其包括两种形式。其一是认识到部分本质特征，比如观察和认识鸟，如图 2-2 所示，鸟的科学概念很复杂，在动物学中将其概括为"鸟类在动物分类学中是一个纲，即鸟纲，其特征包括温血卵生，用肺呼吸，几乎全身有羽毛，后肢能行走，前肢变为翅，大多数能飞；身体呈流线型（纺锤型），胸肌发达；直肠短，食量大、消化快，即消化系统发达，有助于减轻体重，利于飞行；心脏有两个心房和两个心室，心搏次数快；体温恒定；呼吸器官除肺外，还有由肺壁凸出而形成的气囊，用来帮助肺进行双重呼吸……"幼儿显然不可能也没必要知道这么多，但引导他们认识到鸟都有羽毛，这种羽毛不同于动物的皮毛，这就是对概念的接近。其二是否定已经形成的非本质特征或错误特征的认识，比如大部分幼儿认为鸟是会飞的，因为他们见到的鸟都是会飞的，而通过科学教育，他们知道鸟类不一定会飞，从而否定之前的认识，进而认识到鸡、鸭、鹅也属于鸟类，这样的过程也是对科学概念的接近。除此之外，还可组织幼儿观察和认识植物，如图 2-3 所示。

观察认识活动不同于其他科学教育活动，它主要靠视觉及其他感觉器官认识事物，所以观察认识活动获得的信息一般比较表浅，而幼儿的学习恰恰处于初级阶段，学习的内容和形式也比较低级，所以观察认识活动在幼儿阶段是比较合适的。观察法在科学研究中有很重要的意义，它适用于一些不可控制的事物和现象，比如天体物理、自然气象等。同样的道理，很多事物对于幼儿来说更加不可操作，除以上事物和现象外，还包括汽车、火车、飞机等，以及某些带具有一定危险性的事物，都可通过观察认识活动学习的。

图 2-2　观察和认识鸟　　　　　　　　　　　图 2-3　观察和认识植物

（二）观察认识活动的类型

观察认识活动根据不同的标准可以分为不同的类型。从观察对象上看，可以分为物体观察与现象观察；从观察对象的数量及方法上看，可以分为个别观察与比较性观察；从观察持续的时间上看，可以分为短暂观察与长期观察；从观察的认知程度上看，可以分为粗略观察与精细观察。

1. 物体观察与现象观察

物体观察的对象是明确的物体，比如蚂蚁、汽车等。现象观察的观察对象为某种现象，比如风、霜、雨、雪等自然现象，又如溶解、燃烧等物理或化学现象。

两种观察的教学目标也有所不同。物体观察的目标往往是通过观察物体，分析出物体的本质特征，进而通过抽象与概括获得概念。比如观察西红柿，是要接近西红柿的植物学特征（茄科），排除西红柿的非本质特征，比如红色或黄色。现象观察的目标则往往是通过观察现象探究现象背后的本质规律，比如观察风，目的是要获得风是空气的流动、空气的流动具有力等本质规律，而不仅仅停留在尘土飞扬、树枝摇晃、呜呜作响等表面现象，这些表面特点可以无限列举，但这样就降低了其科学教育意义。所以，现象观察往往结合实验操作进行，目的就是探究现象的本质规律。

2. 个别观察与比较性观察

个别观察是指对某一个对象进行观察，比如观察一个香蕉；比较性观察是同时对两个及以上的对象进行观察，在观察过程中进行比较、分析、归纳、概括等，比如观察不同的几根香蕉，或将香蕉与黄瓜一起比较观察。通过个别观察获得的信息往往比较孤立、片面，比如幼儿第一次看到的橘子如果是带着叶子的，就会认为橘子都是带叶子的；进行比较性观察往往可以结合比较、分析、综合、归纳、演绎、抽象、概括等思维活动，使幼儿的认识接近事物的本质。所以在教育活动中，我们应该尽量使用比较性观察，但有时因为客观原因无法呈现对比物或没有合适的对比物，只能使用个别观察，比如对某些自然现象或自然物体的观察。

3. 短暂观察与长期观察

短暂观察是指用较短的时间即可完成对观察对象的观察；反之，对观察对象需要较长时间才能对观察对象可以获得较为准确、完整的认识的观察为长期观察。前者往往适用于比较稳定的对象，比如瓜果；而后者则适用于变化的对象，比如动植物的生长。

4. 粗略观察与精细观察

粗略观察是只需要简略观察事物即能认知其本质属性的观察，它一般不需要更多细致反复地观察及相关思维活动；反之，如果粗略观察并不能认识事物的本质属性，则需要进一步细致反复地观察并伴随着复杂的思维活动，这样的观察就是精细观察。

从认知心理学角度来看，粗略观察是对某一事物已经形成了较为稳定的图式，用这一图式去同化某一观察对象时，只需"看一眼"就能顺利同化对方，主体的结构并未发生改变。比如幼儿已经形成了西红柿的图式为红色、圆形、表皮光滑、触感柔软等，当教师呈现的西红柿符合以上特征时，幼儿则只需简单一看，就能确定它是西红柿。

精细观察是原有图式在同化新信息时遇到困难，不能"解释"对象，主体认知结构的平衡被打破，需要重构自己的认知结构，在这一过程中需要反复精细地观察，并伴随着复杂的思维活动，最终形成新的图式。如图 2-4 所示，仍以幼儿观察西红柿为例，如果幼儿已经形成的西红柿的图式包括"红色"这一要素，当教师呈现的西红柿为黄色时，则幼儿就会出现认识困难，不能确定此为何物，可能以为这是一种新物品，此时幼儿会反复精细地观察，看形状、看表皮、触摸、切开看、品尝等，并伴随着与教师的语言交流，经过复杂的思维过程，幼儿终于确定这也是西红柿。于是幼儿关于西红柿的图式发生了改变，修改了其中"红色"的要素，知识的建构得以实现。

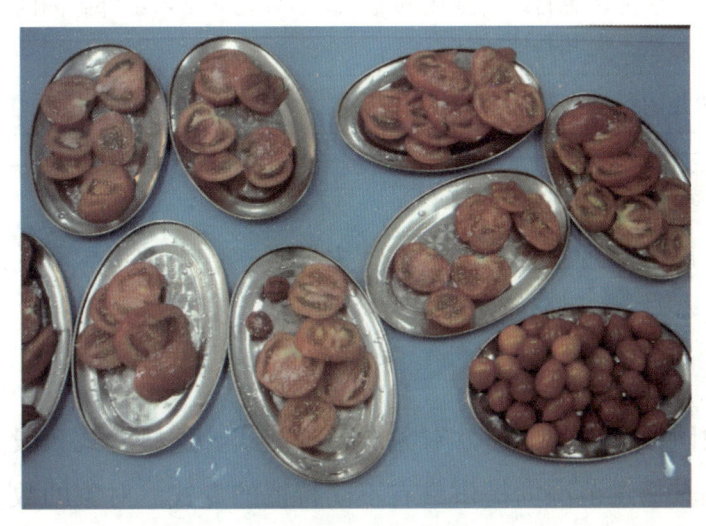

图 2-4 观察西红柿

因此，在这两种观察中，精细观察具有较大的学习意义，而粗略观察的学习意义则较小。所以，我们提倡引导幼儿进行精细观察，但由于他们观察对象的范围和能力是有限的，不可能对所有事物都进行精细观察，在教育活动中要引导幼儿对核心对象精细观察，对辅助材料进行粗略观察，以免迷失重点、偏离目标。

二、观察认识活动的设计

（一）选择合适的观察对象

日常生活中的很多事物都包含了科学道理，皆可成为幼儿观察学习的对象，但能否作为幼儿园科学教育的对象，则需要经过科学地选择，除需要注意安全原则外和卫生原则外，体积、重量还要适宜，便于携带、易于呈现等。

此外，选择观察对象还要注意的是，观察对象所蕴含的知识结构要便于幼儿的学习。

（二）确定恰当的活动目标

教育目标一般都包括三个方面：知识目标、能力目标、情感目标。

目标要符合幼儿的发展水平，在教育实践中还需要根据具体情况确定目标，不要过于笼

统，否则教育活动会失去指导作用和衡量作用。例如"认识西红柿"的活动目标，见表2-1。

表2-1 "认识西红柿"的活动目标

目标分类	目标表述
知识目标	引导幼儿认识西红柿的外观（颜色、形状、大小）、触感、味道及内部的基本特征，尤其注意散落其中的籽（即西红柿的种子，对于种子和内部结构的认识程度可根据幼儿年龄段调整），了解西红柿的生长过程（具体内容的多少可根据幼儿年龄段调整），用樱桃西红柿、黄色西红柿等变式使幼儿重新建构西红柿的大小、颜色等概念特征
能力目标	引导幼儿学习多感官综合运用的能力；引导幼儿学习由外到内的观察方法；指导幼儿练习思维方法，尤其是比较法
情感目标	培养幼儿的科学兴趣和探究欲望

（三）设计合理的活动过程

观察认识活动一般有呈现观察对象、教师主导观察、教师指导下的幼儿自主观察、教师总结四个阶段。

1. 呈现观察对象阶段

在呈现观察对象阶段，教师要注意对象的各种变式。这些变式一般要符合幼儿对于对象已经形成的概念，在其概念范围内提供具有不同特征的变式。对象的数量不宜太少，应该在3个以上，但也不宜太多。继续以观察西红柿为例，教师可先呈现3~5个符合日常概念的西红柿（红色的、大小形状也比较常见的），此时可暂不呈现超出幼儿日常概念的变式。

2. 教师主导观察阶段

教师主导观察阶段主要是教师的示范观察和讲解，幼儿处于辅助配合的地位。此阶段主要是教师通过自身示范讲解，教导幼儿观察与思维的方法，教师可通过自己的观察，概括出对象的部分本质特征，留下一部分本质特征到下一个阶段由幼儿自主观察、发现、概括。比如，教师可在对不同西红柿的观察后，概括出圆形、表皮光滑、触感柔软等特征，还可以切开（横切、竖切等）西红柿，观察内部结构、纹理、籽的形态等，还可以品尝西红柿的味道。

3. 教师指导下的幼儿自主观察阶段

教师指导下的幼儿自主观察阶段是以幼儿为主体的活动阶段，此时教师主要要注意幼儿的观察情况并进行适时指导。教师要指导幼儿根据示范的观察方法，对不同的变式进行比较、概括，继续发现对象的特征。幼儿概括出的特征会有很多非本质特征，教师要引导幼儿否定其中部分非本质特征，此时可呈现新的变式，促使幼儿产生疑问，探究并修正西红柿的概念。比如幼儿可能会概括出西红柿的特征有红色、口感酸甜，横切开后，有的幼儿甚至会发现西红柿内部的室状结构、籽的分布规律等特征，此时教师需要引导幼儿否定部分非本质特征，如教师可呈现黄色西红柿，使幼儿认识到西红柿外部形态的多样性，并放弃以红色作

为西红柿的本质特征。

4. 教师总结阶段

总结阶段主要是对观察认识活动中发现的事物本质特征进行概括，以及再次明确否定的非本质特征。另外，还要对发现本质特征和否定非本质特征过程中的关键环节予以强调，通过这样的概括、强调、重复等加深幼儿的记忆。

三、观察认识活动的指导

在观察认识活动中，教师对幼儿的指导应注意以下几个方面。

1. 指导幼儿多角度、多方位观察，全面地获取信息

从多角度、多方位观察物体，可以获得物体更全面的信息，尤其是一些非常规的角度，比如正上方或正下方，往往会看到平时不被注意的样态。获得的信息越全面，整合在一起后，形成的概念就越准确。教师要注意引导幼儿从不同角度或方位观察对象，或者合理地摆放、转动物体，以便看到对象的各个方面，比如西红柿或苹果，横切或竖切，都会看到不同的形态。

2. 引导幼儿注意关键信息，归纳特征

在实际观察活动中，教师要引导幼儿注意对象的关键信息，要将精细观察与粗略观察相结合，对关键部位或关键对象进行精细观察，可以通过重点呈现或语言强调等方法，引导幼儿反复精细观察，对不重要的信息则粗略观察。比如观察西红柿时，要引导幼儿注意西红柿籽的特征；观察公鸡和母鸡时，要引导幼儿注意鸡冠的区别；观察兔子时，要注意前腿后腿的不同等。

这一过程同时也是幼儿概括对象特征的过程。幼儿在对不同的变式观察后，会概括出对象的特征，此时教师要引导幼儿用语言来表述自己的发现。比如观察西红柿后，引导幼儿概括出颜色、形状、表皮、触感、口感等特征，也可能概括出某些更专业的特征，比如西红柿籽的大小、颜色、形状及分布，果肉呈心室状等。这些特征有的是本质特征，有的是非本质特征，无论正确与否都要鼓励幼儿概括，即使是非本质或者错误的特征，也要先鼓励幼儿概括并表述出来，这是对幼儿思维能力的训练；对错误的概括，则可以在之后再引导幼儿证明是错误的，这是幼儿的学习方式，也是幼儿学习必经的阶段。

3. 恰当地呈现变式，指导幼儿排除非本质特征，获得概念

变式是概念的各种具体表现形式，既有概念的本质特征，又有不同的非本质特征的各种具体样式。在观察认识活动中，恰当地使用变式很重要。一方面，变式可以丰富幼儿对概念的各种具体认识，使其感受事物的多样性，拓展思维，提高激发创造力并提高想象力。另一方面，多样的变式可以使幼儿排除非本质特征，概括本质特征，接近科学的概念。比如观察认识西红柿，如果展现的西红柿在颜色、大小、形状等方面比较接近，会导致幼儿对西红柿

的认识在不自觉中形成某些自我限制，即把某些非本质特征视为本质特征，所以教师要用不同颜色、不同大小、不同形状的西红柿作为变式（图2-5），以此来纠正幼儿的错误认识，获得科学概念。此外，还可以呈现生的、熟的、空瓤的、满瓤的等各种丰富的变式来使幼儿更加全面地认识西红柿。

图2-5 西红柿的各种变式

呈现变式时需要注意变式的选择，变式以能够引发幼儿关于概念的疑问为宜，既要基本符合幼儿的概念图式，又要打破幼儿关于原有图式的平衡。如果变式过于单一，并且完全符合幼儿的日常概念，则没有学习意义；如果变式完全否定了幼儿的原有概念，他们则会拒绝修改图式，也难以完成学习。仍以观察认识西红柿为例，如果选择的西红柿在颜色、大小、形状方面都比较日常化，则没有意义，而黄色西红柿和樱柿则是比较恰当的变式。又如认识三角形活动，钝角三角形或顶角在下的三角形都是较好的变式。同时，变式也尽量不要太过背离幼儿的固有图式，比如认识鸟类，鸡、鸭、鹅等虽然都属于鸟类，但因为与幼儿原有图式矛盾过大，幼儿可能会拒绝学习，放弃修改图式。当然，在这种情况下，教师的外部指导也能起到重要作用，能促进幼儿改进图式。

变式的呈现是为了在引导幼儿概括出对象的本质特征的同时排除非本质特征，但需要注意的是，获得本质特征的过程是逐步实现的，排除非本质特征的过程也是如此，不能急于求成，不要试图一次性地把科学概念的本质特征都教给幼儿；同理，也不能试图要求幼儿一次性就把所有非本质特征都予以否定。这两方面是对立统一的关系，否定一个非本质特征就等于向科学概念接近了一步，但同时又要允许幼儿暂时地对某些概念存在不完整、不准确的认识，比如认为鸟是会飞的，关键是让幼儿体验科学探究的过程，学习获得概念的方法。

除此之外，在观察认识活动中，教师还要引导幼儿多种感官共同参与，鼓励幼儿在观察中用语言来表述，指导幼儿记录观察结果等。

观察认识活动的设计与指导

案例评析

案例一:中班综合活动——认识肥皂

一、活动目标

(1)认识肥皂的多样性,知道肥皂的作用。

(2)学会如何正确使用肥皂。

(3)用肥皂练习分类、比较、排序。

二、活动准备

(1)幼儿从家中带来不同种类的肥皂,如香皂、透明皂、硫黄皂等。

(2)关于新式肥皂和各种新奇肥皂的幻灯片。

三、活动过程

(1)教师引导幼儿展示自己带来的肥皂,说出各种肥皂的品牌、颜色、形状及特殊功能等。

(2)让幼儿摸一摸、闻一闻,引导他们感受肥皂的触感和气味。

(3)教师给幼儿展示某些艺术肥皂,如动物形状的肥皂、水果形状的肥皂、贝壳形状的肥皂等。

(4)教师通过幻灯片展示更多艺术肥皂(图2-6),如雕刻肥皂、绘画肥皂、蛋糕状肥皂、鲜花状肥皂等。

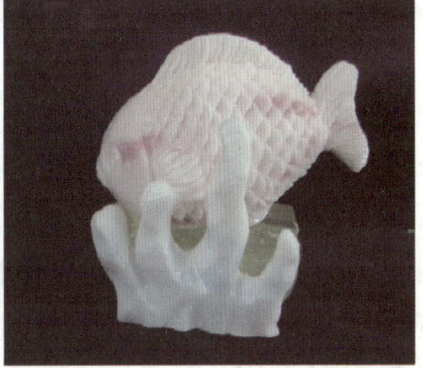

图2-6 艺术肥皂

（5）幼儿拿着自己带来的肥皂进行多角度分类、比较、排序等活动。

（6）用肥皂洗手、洗手绢。

（7）玩用肥皂水吹泡泡的游戏。

评析：

本案例是一个以认识肥皂为主题的综合活动，前面四个环节基本属于观察认识活动。在观察认识活动阶段，教师通过各种变式使幼儿认识肥皂，并且注意了变式的呈现顺序，由常见变式到特殊变式，这符合认识的规律，并且注意了幼儿多种感觉的参与，使之全面地认识肥皂的特征。

具体来说，在第一个环节中，教师使用的常见变式有：各种形状和颜色的肥皂、透明皂、硫黄皂。通过引导幼儿认识这些肥皂的特征，使他们认识到每一种肥皂的特殊性，并概括所有肥皂的共同特征。但需要注意的是，在认识每一种肥皂的特殊性时，其中都包含了很多科学知识，比如透明皂为什么透明，硫黄皂为什么含有硫黄等，这些都需要教师做充分的准备，并且能够把这些高深的科学知识以幼儿能够理解的语言进行讲解。另外，呈现变式时，并不是越多越好、越奇越好，还要注意变式的度，要使幼儿在通过变式认识事物多样性、特殊性的同时，概括出事物的本质特征。在第三环节中，雕刻的肥皂、绘画的肥皂等就偏离了这一宗旨，幼儿在看这些肥皂的图片时发出惊叹，但这主要是惊讶画面的漂亮奇特，而非惊讶于对肥皂认识的拓展，而且严格地讲，这些肥皂艺术品也很难说属于肥皂的范畴，所以这些无助于幼儿概括肥皂的本质。因此，在带领幼儿认识每一种变式的特殊性时，教师应该随时注意强调这些都是肥皂，不能偏离了认识肥皂本质这一根本目标，比如可以引导幼儿用触觉、嗅觉，乃至试用等方式加深幼儿对各种肥皂的认识，引导幼儿概括其作为洗涤品的本质特征（有去污能力、触感柔滑、性质比较温和等）。

这样看来，后面的分类、比较、排序等环节是可以取消的，虽然这些都是重要的教育活动，但是可以另设活动单独进行，因为这些与认识肥皂的关系不大，而且比较和排序的教学更应该采用人工教具而不是生活教具。

案例二：大班数学活动——认识梯形

一、活动目标

（1）初步感知梯形的基本特征。

（2）认识不同的梯形，发展幼儿的观察、比较、动手能力。

二、活动准备

（1）环境创设：活动室内摆放一些包含梯形的物品。

（2）教师演示用具：正方形、长方形、梯形等各种图形。

（3）幼儿用具：包含梯形的图片若干张。

三、活动过程

（1）展示以前学过的正方形、长方形，然后展示梯形，让幼儿初步感知梯形的特征。提问：这个图形有几条边？几个角？它像什么物体？

（2）比较梯形与长方形、正方形的异同。相同点：它们都有四条边、四个角。不同点：梯形，一条边短，一条边长，两条边平平的，旁边两条边斜斜的。由此概括出梯形的特点：梯形是一种四边形，一条边短，一条边长，两条边平平的，旁边两条边斜斜的。

（3）梯形宝宝可调皮了，它一会儿翻跟斗，一会儿躺下睡觉，教师演示，原来梯形可以倒着放，躺着放，但不管怎么放，它们都是梯形。

（4）认识不同的梯形，主要有直角梯形、等腰梯形。教师说："梯形宝宝还有许多兄弟姐妹呢"，然后出示两种特别的梯形：直角梯形和等腰梯形。

（5）小组操作，使幼儿巩固对梯形基本特征的认识。包括以下内容：

①涂色：让幼儿在很多图形中找出梯形，并为它们涂上漂亮的颜色。

②折一折、剪一剪：如图2-7所示，让幼儿用正方形或长方形折、剪出梯形的形状。

③装饰梯形：从很多图形中将梯形找出来，进行装饰，如梯形饼干、梯形杯子、梯形池塘、梯形楼梯、梯形花盆等。

（6）让幼儿在活动室张贴着的图片造型中找一找，说说梯形宝宝藏在哪里。

图2-7 折、剪出梯形的形状

评析：

本活动为数学活动，但前面四个环节属于观察认识活动。本活动主要是通过梯形与长方形、正方形的比较，以及观察梯形的各种变式来让幼儿认识梯形的本质特征，这都属于

合理的活动设计。梯形的科学定义为：有一组对边平行且另一组对边不平行的四边形，或者一组对边平行且不相等的四边形。这些都是很难理解的，活动中为了便于幼儿学习，把它表述为"梯形是一种四边形，一条边短，一条边长，两条边平平的，旁边两条边斜斜的"。但即便如此，这一表述对幼儿而言仍然是以理解的，因此要求幼儿死记硬背这句话是没有意义的。

本活动的目标为认识梯形，但完全掌握梯形的科学概念对于幼儿园大班幼儿来说显然太难了，掌握概念不一定要一次性直接掌握完整的科学概念，对梯形的概念可暂时停留在对等腰梯形的认识上，这是一种最典型的最常见的变式，便于识别，也比较符合幼儿的认知水平。至于非等腰梯形、直角梯形等是过于复杂的变式，可暂不涉及，虽然未必全面，但这是学习的必经阶段，其概念的内涵可留待未来再做拓展。而等腰梯形作为基本形式，将其倒着放、躺着放则是比较恰当的变式。

另外，幼儿对于一个事物的科学认识与准确的语言表述还有一定难度，即使死记硬背了概念，也未必可以掌握。因此，活动不一定要求幼儿重复梯形的定义，但在识别环节，幼儿能够准确识别梯形才是最重要的。

知识巩固

1. 名词解释

观察认识活动　　个别观察　　比较观察　　精细观察　　图式　　变式

2. 简答

（1）观察认识活动怎样进行目标设计与活动过程设计？

（2）在观察认识活动中，教师应该怎样进行指导？

（3）观察认识活动中，变式的意义是什么？应该怎样设计与使用变式？

实践训练

1. 设计训练

请以中国航天工程为背景，如以"嫦娥""天问"、空间站为材料设计一个大班的观察认识活动。

2. 评析训练

图2-8是一个观察认识活动的案例——认识柳树，请根据本单元所学内容评析。

单元二　观察认识活动

中班科学活动——认识柳树

图 2-8　认识柳树

设计思路：

幼儿园附近有一片树林，其中有很多大大小小的柳树，所以教师设计了这个观察柳树的科学活动。

活动目标：

（1）认识并了解柳树的主要外形特征，包括树干、树枝、树叶的主要特征。

（2）在理解柳树外形特征的基础上，让幼儿学习用柳树比喻生活中的人。

活动准备：

（1）幼儿园门口的树林。

（2）柳树的树枝与杨树的树枝。

活动过程：

（1）教师展示柳树的树枝与杨树的树枝，请幼儿比较一下它们的枝条与树叶有什么不同（柳树的枝条是细长而柔软的，叶子是窄而长的）。

（2）带幼儿到树林，找一找哪一棵是柳树，观察柳树的外形、树干、树枝、树叶。让幼儿看一看、摸一摸、闻一闻，全面地认识柳树的外形、树干、树枝和树叶的颜色、形状、触感等特征。

（3）让幼儿说一说柳枝在风中摇摆的样子像什么，激发他们的想象力。模仿柳枝摆动的形态跳一跳舞蹈。

（4）给幼儿讲柳树很容易成活的知识，顺便讲一句古诗"无心插柳柳成荫"的含义。回到幼儿园后，教师和幼儿在自然角一起插几条柳枝，然后浇水，期待它们成活。

单元三　实验探究活动

学习目标

1. 知识目标

了解实验探究活动的概念、分类；理解实验探究活动的心理过程；理解实验探究活动的设计与组织指导中的规律。

2. 能力目标

初步掌握设计实验探究活动的能力；基本掌握实验探究活动的组织与指导能力。

3. 情感目标

在生活和教育教学活动中，逐渐形成用科学的实验方法探究世界的本质和规律的兴趣、意识与习惯。

情境创设

刘老师组织了一次小班科学活动——"磁铁的奥秘"（图3-1）。首先，她在一个小瓶子里放进一枚大头针，然后问幼儿，能不能不用手把大头针拿出来？幼儿七嘴八舌地说"倒出来""用镊子"等，刘老师肯定了幼儿们的说法，问"还有什么办法？"在确认没有人发言之后，她说："我还有一个办法"，然后拿出一块磁铁，在瓶口上一放，大头针就被吸出来了。刘老师对大家说："你们知道这是什么吗？这叫磁铁，它能吸住铁的东西，所以也叫吸铁石。有时候一根针掉在地上，不好找，人们就可以用磁铁把它吸出来。"然后她又说："你们想不想实验一下，看看哪些东西是铁的，哪些东西不是铁的？"之后刘老师把大头针、硬币、纽扣、图钉、石块、积木、积塑、餐巾纸、玻璃瓶、矿泉水瓶盖、啤酒瓶盖、陶瓷杯、

单元三 实验探究活动

不锈钢杯、玉米粒、花生米、圆珠笔、碳素笔、橡皮等发给大家，然后给每人发了一块磁铁。幼儿们兴致勃勃地玩起来。最后，刘老师让他们说自己的磁铁都吸住了什么，然后记住被吸住的东西就是铁的。

陈老师觉得刘老师的教育活动不够完善，还存在一定问题。首先，是知识方面不够准确，磁铁能吸的并不都是铁（还有钴、镍等金属），磁铁也并不是能吸所有的铁（某些被加工过的铁就不吸），其次，更主要的一个问题是幼儿的探究不足，只是让他们去检验哪些是铁、哪些不是，没有引导幼儿通过自己的探究去发现科学规律。科学活动最重要的目标是引导幼儿自主探究，由此，陈老师按照自己的想法重新组织了"磁铁的奥秘"活动。

图 3-1 磁铁的奥秘

陈老师首先设计了一个用磁铁鱼钩钓鱼的环节，她做了铁的、纸的、塑料的三种"鱼"，并用一块弯曲的磁铁作为"鱼钩"，"鱼钩"真的钓起了铁的"鱼"，但却钓不起纸的"鱼"和塑料的"鱼"。在幼儿的好奇中，陈老师告诉大家，这是磁铁，然后她又用磁铁分别吸一吸铁"花"、纸"花"、塑料"花"，结果吸住了铁"花"，却吸不住纸"花"和塑料"花"。陈老师问："这是怎么回事呢？"幼儿回答："磁铁吸铁，不吸纸和塑料。"然后，她给每人发了一块磁铁，让幼儿试一试磁铁都吸什么，不吸什么，并把吸的和不吸的分开放。最后，幼儿总结出"磁铁吸铁的东西，不吸别的"的规律。而后陈老师拿出一个铝的硬币，问："磁铁吸不吸这个硬币呢？"，有的幼儿说吸，有的幼儿说不吸，然后让他们试一试，结果是不吸。陈老师说："为什么不吸呢，因为它不是铁的，而是铝的"。然后又找出一个铜的硬币，问："这个是铜的，会不会吸呢？"，请幼儿猜一猜，然后再试一试……

刘老师和陈老师设计的教育活动属于科学活动中的实验探究活动。请问她们的教育活动成功吗？应该怎样引导幼儿进行实验探究？实验探究类科学活动应该怎样设计？该怎样组织指导具体活动过程？

35

基本知识

一、实验探究活动概述

（一）实验探究活动的概念

实验探究活动是幼儿园科学教育中最主要的形式之一，它是指在教师的指导下，幼儿操作材料和仪器，通过简单的实验，探究事物内在规律的活动。

实验是科学研究最主要的方法，幼儿的实验活动并不像科学实验这样严格，但其基本过程是一样的。二者的共同之处如下。

（1）幼儿的实验和科学实验一样，都是要探究事物的内在规律。比如探究"磁铁能吸什么"这一规律。科学实验并非进行一次就能得到真理，而是一个接近真理的过程，需要不断地证实与证伪，幼儿的实验也是如此，从不知道磁铁是什么，到认为"磁铁能吸金属"，再到"磁铁能吸铁"，这就是逐渐接近真理的过程，但这并不意味着他们已经得到了真理，比如以上两个结论，从其含义来看，还都不能说正确（磁铁只吸一部分铁，并不是所有铁都吸，磁铁也不仅可以吸铁，还吸钴、镍等），但这个过程是符合科学发展规律的。另外，需要注意的是，探究真理的过程，有的是通过肯定的方式，但更多的是通过否定的方式，比如"磁铁不吸塑料"，这便是通过否定一个假设来接近真理。

（2）幼儿的实验也是通过操纵变量来进行的。所谓变量就是一些在数量或质量上可以改变的事物，是实验中的重要元素。也就是说，做实验不是不断重复同一个过程，而是要改变一些事物，然后可能会引发另一些事物的改变，而这些改变的事物就叫变量。比如在"试试磁铁吸什么"的实验活动中（图3-2），最常用的变量就是被吸物体的材质，即用同一块磁铁试吸不同材质的物品，来检验哪些材质会被吸，哪些不会被吸，因此被吸物体的静止—运动状态则是另一个重要变量。

图 3-2　试试磁铁可以吸什么物品

幼儿实验探究活动不同于科学研究的实验，主要表现在以下几个方面：

（1）幼儿的实验是教育活动，不是科学活动，它在教师设置的情境中活动，并在教师的指导下进行，其根本意义是在科学探究过程中对幼儿进行教育。所以其关键在于探究过程，而不是实验发现，其发现也大多达不到科学理论层面，而往往仍停留在经验层面。比如在磁铁实验中，幼儿只能大致总结出磁铁吸什么、不吸什么，不能触及磁力原理；又如沉浮实验中，幼儿也往往只能探究出哪些东西沉、哪些东西浮，或者什么形状的东西浮，还不能探究出浮力的原理。幼儿即使总结出了一些科学规律，也往往不具备科学价值。

（2）实验过程简略，没有严格的科学控制。幼儿实验的活动基本没有量化，以定性实验为主，假设、操作过程、结论等也都比较粗略。

（3）实验带有游戏性，是在"玩中做"。幼儿有很强的游戏心理，生活中做各种事情往往都伴随着游戏状态，进行实验探究活动也一样，常常结合游戏情境。

（4）实验泛化到生活中。由于幼儿实验的简略性，他们会把实验泛化到生活的方方面面，随时随地都可以进行，比如抛球就可被视为一种实验（图3-3），抛出球之前有计划——要抛向某处，然后抛出，之后看球是否符合自己的预期，不符合则变换抛球动作，再抛……不断变换动作，使球逐渐接近自己预期的目标，同时总结出发现（即结论）。广泛地看，甚至幼儿的说话、走路、吃饭、喝水、穿衣服、拿东西等，都是在进行实验活动，而在这些随时随地进行的实验中，幼儿获得了学习与发展。

图 3-3　抛球也可以被视为实验活动

（二）实验探究活动的心理过程

如图3-4所示，幼儿实验探究活动的心理过程可简略概括为：首先对某个事物或现象产生了好奇，再根据原有知识与生活经验提出某种解释或猜测，即实验假设，随后利用材料进行实验，观测结果是否符合自己的预设，也可以修改预设后，再次进行实验，如此循环往复。

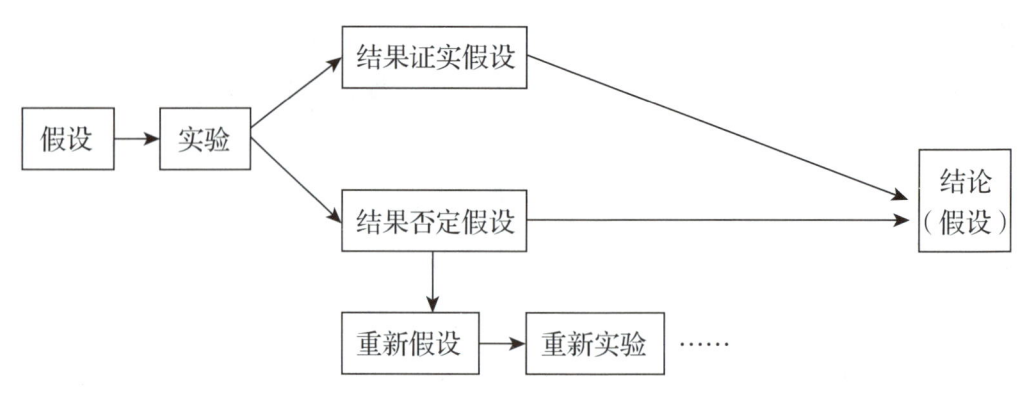

```
                    ┌──────────────┐
              ┌────▶│  结果证实假设  │────┐
              │     └──────────────┘    │
┌────┐  ┌────┐│                         ▼
│假设│─▶│实验││                    ┌────────┐
└────┘  └────┘│                    │  结论   │
              │     ┌──────────────┐│(假设)  │
              └────▶│  结果否定假设  │────────┘
                    └──────┬───────┘
                           ▼
                    ┌──────────┐  ┌──────────┐
                    │ 重新假设  │─▶│ 重新实验  │……
                    └──────────┘  └──────────┘
```

图 3-4　幼儿在实验探究活动中的心理过程

以沉浮实验活动为例，开始时幼儿可能没有明确的预设，而是随意地把各种东西扔在水盆中，看哪些沉到水底、哪些漂浮在水面，这个阶段的活动更偏向于游戏。之后在边扔边看的过程中，幼儿逐渐开始解释、猜测，比如认为"大的东西下沉"（这就是假设），然后推理"把这个大水晶球扔进去会下沉"，于是扔进去后，它果然下沉了，这就证实了猜测，得出结论"大的东西下沉"。如果继续实验，比如将一块大的泡沫塑料放进水里，结果是漂浮，这就否定了原来的预设，从而可以得出结论"有的大的东西浮着，有的下沉"，并因此否定用东西的大小来判定沉浮的规律，然后提出新的猜测，从而开启新的实验。

（三）实验探究活动的类型

根据科学的基本原理，科学实验可以分为证实与证伪两种。这个分类方法也可以被应用到幼儿的科学活动中，即把幼儿的实验探究活动分为证实实验活动和证伪实验活动。

1. 证实实验活动

幼儿的预设经过实验被证实，这类活动叫证实实验活动。如图 3-5 所示，比如某个幼儿对指南针感兴趣，就开始转着玩，为了便于辨识，教师在底座的四个方位分别贴有四种小动物，幼儿一次次地转动，发现指南针总是指向小猫，于是说："它转不到别的东西，只能转到小猫，它喜欢小猫。"之后，他又转动几次，快转、慢转、正转、反转、手扶着转甚至按停住，最后都指向小猫，这就证实了幼儿的猜测，这即是证实实验。证实实验活动使幼儿的预设得到肯定，因此幼儿会产生成就感，可以体会到发现的乐趣。但探究活动往往至此终止，因为幼儿认为自己已经发现了"科学规律"。当然，幼儿通过实验发现的"科学规律"未必是正确的，甚至可以说大部分是不够正确的，但这是幼儿探究科学的重要形式和必经阶段，是幼儿的积极探究和自主发现，因此也具有重要的价值。

图 3-5　指南针实验

2. 证伪实验活动

　　幼儿的预设经过实验被否定，这类活动叫作证伪实验活动。比如在探究纸杯活动（图 3-6）中，教师引导幼儿探究纸杯不漏水的秘密，教师先带领幼儿自己制作了纸杯，然后倒进水，不久就开始漏水，教师问："为什么买的纸杯不漏水，而我们制作的水杯会漏水呢？"有的幼儿回答："因为买的纸杯厚。"于是，老师又找出一张厚纸，一起做了一个纸杯，问幼儿："这个会漏水吗？"幼儿回答："不会"。然后，教师让幼儿倒进水试一试，不久也漏水了。老师问幼儿："这个纸杯也很厚，但它漏水了，为什么呢？"幼儿回答："有的厚纸杯不漏水，有的厚纸杯会漏水。"这即是一个证伪实验，证伪实验否定了幼儿的想法，会使其产生挫折感，但也可以让其因此而产生新的疑问和新的假设，并引发新的实验。证伪实验可以使人抛弃或修改错误的想法，幼儿就是通过不断否定错误想法而逐渐接近真理，幼儿科学探究活动中的实验主要都是证伪实验，因为幼儿自己的观察、探究或猜测大都是不完备的，比如"大的东西就会浮着""磁铁吸金属""种子埋在土里就能发芽""用力就能把皮球扔得远"等，这些假设都将由证伪实验来否定，从而使幼儿不断进步。这也符合科学发展的规律，科学家卡尔·波普认为，人类的科学知识就是在证伪中增长的。可见，证伪实验活动在探究活动中是非常重要的。

图 3-6　探究纸杯活动

39

证实实验和证伪实验并非孤立的，它们往往交替进行或混杂在一起。比如前文讲到的指南针实验，在证实指南针指向小猫的过程中，也存在多个证伪实验，幼儿在有过"它会不会指向小狗""会不会指向别的小动物"等假设，并在这些假设都被证伪之后，才得出"指南针都会指向小猫"的结论，并且这一结论也将成为一个新的假设，在老师合理地引导下继续被证伪（比如转动一下底座）。在幼儿实验探究活动中，证实实验和证伪实验都很重要，两者相互关联、密不可分，是科学探究的两种基本实验形式。

二、实验探究活动的设计

（一）选择合适的实验

对于实验的选择，不必拘泥于所属的科学领域，任何领域中的任何科学现象都可以成为实验活动的备选课题。但根据幼儿教育的实际，在选择实验课题时，要注意的是：实验用品要便于幼儿操作和控制；实验出现的变化要比较快，比较明显，便于幼儿观察和把握。另外，还需要注意安全原则、卫生原则及方便原则。幼儿园常见的科学实验如图 3-7 所示。

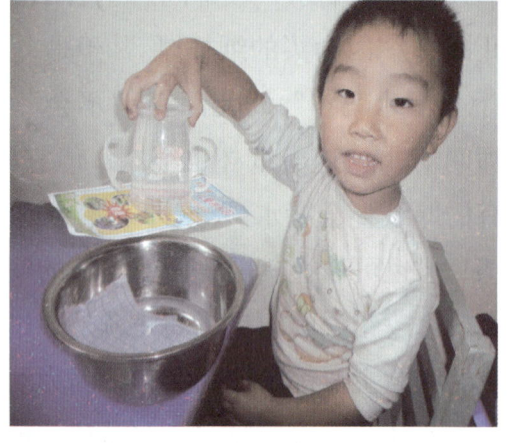

图 3-7　幼儿园常见的科学实验

（二）确定科学的教育目标

教育目标一般可分为三个方面：知识目标、能力目标和情感目标。实验探究活动的知识目标主要是使幼儿获得关于事物规律的知识；能力目标则是使幼儿学习实验探究的相关能力，包括动手操作能力、判断力、推理能力、概括能力、语言能力及集体协作能力等；情感目标主要培养幼儿的好奇心、求知欲，让他们形成用实验的方法进行科学探究的习惯。

目标的制定要有科学依据，要符合幼儿心理发展需求；目标要尽量具体，避免过于空泛；目标要有指导性，对实验过程和结果能起到指导作用；同时，还能作为衡量和评价活动效果的依据。沉浮实验活动的目标见表3-1。

表3-1 沉浮实验活动的目标

目标分类	目标表述
知识目标	水平1：引导幼儿认识到，有的物体在水中是下沉的，有的物体是漂浮的；一般情况下，沉下去的物体都沉到水底，浮着的物体都浮在水面（即悬浮情况很少见）。 水平2：引导幼儿认识到，物体的材质是影响沉浮的关键因素，一般木质、塑料等物体是浮着的，金属、石头、玻璃等物体则下沉；物体的大小、颜色、形状等与沉浮无关。 水平3：引导幼儿认识到，感觉比较"轻"（此处指密度小）的物体会浮着，感觉比较"重"（此处即密度大）的物体会下沉；使幼儿初步产生密度或比重的意识（但不必学习这两个词），并因此使幼儿知道有的木质也下沉；同理，有的石头也漂浮。 水平4：引导幼儿认识到，形状也是影响沉浮的因素，下沉的物体（如橡皮泥）做成碗状或中空结构即可以漂浮。 水平5：引导幼儿认识到，只要物体重量适当或中空程度适当，即可悬浮，潜水艇即是根据这个道理设计的。 水平6：引导幼儿认识到，同样是下沉的物体，其下沉速度是不同的，越"重"（此处即密度大）的物体下沉速度越快
能力目标	1. 观察事物、发现问题的能力。比如通过观察发现有的沉、有的浮，并思考哪些沉、哪些浮。 2. 猜想与假设的能力。会提出假设，如大的物体下沉。 3. 实验检验的能力。会使用变量，能够运用证实实验与证伪实验；有目的地投放物品，投放前的猜测符合假设。 4. 概括结论的能力。通过分析、综合、归纳、概括，能够得出结论
情感目标	培养幼儿对未知世界的好奇心和求知欲，对科学进行实验探究的兴趣，让他们逐渐形成用实验方法进行科学探究的习惯

以上的目标描述仍然是比较粗略的，在实际活动中还应该根据情况更加具体化。要根据幼儿的心理发展水平确定科学的目标，还要根据幼儿的具体情况和实验做出合理的调整。比如图3-8所示的沉浮实验。

图 3-8　沉浮实验

（三）设计合理的实验探究活动过程

实验探究活动的过程一般可分为活动准备阶段、教师主导的示范实验阶段、教师指导下的幼儿自主实验阶段和教师总结阶段四个阶段。

活动准备阶段的主要工作是准备实验所需的材料、仪器等，其中的关键是要根据实验变量配备材料。比如沉浮实验，可能会以大小为变量，则需要准备材质、形状、颜色等相同而大小不同的物体；也可能会以材质为变量，则需要准备形状、颜色、大小相同而材质不同的物体。另外，教师还要考虑到实验过程中幼儿可能操纵的各种变量，充分准备材料，以满足幼儿的需要。

教师主导的示范实验阶段，与科学实验一样应包括设疑、假设、实验和结论四个步骤，只是整个过程教师已经预知，但仍要以假装探究的心态来演示实验，使幼儿感受探究的过程。比如在"磁铁的奥秘"活动中，教师首先演示磁铁能吸起铁的小"鱼"，却不能吸起纸的小"鱼"和塑料的小"鱼"，因此使幼儿产生好奇，于是提出猜测：磁铁能吸铁，不吸纸和塑料。然后进行实验，拿起一个铁钉，问："磁铁会吸这个铁钉吗？"幼儿回答："嗯，应该能吸。"随后试吸，果然吸住了，然后再用纸片和塑料片来实验，之后再用其他物体依次实验，均符合假设，于是得出结论：磁铁能吸铁，不吸纸和塑料。这一阶段在幼儿自由探究的活动中（如区角活动）可能并不存在，但在活动中是很必要的，因为它示范了实验的基本步骤与方法，指明了探究的方向，而如果没有教师示范，开始就把所有材料交给幼儿，任其自由活动。

教师并不需要完成全部实验，而是通过自己的实验创设情境，引出幼儿的实验，随即过渡到教师指导的幼儿自主实验阶段，这是活动的核心阶段。在这一阶段中，幼儿可以先重复教师做过的实验，这不仅是为了复习或验证实验活动，而是为了进一步探究做铺垫。幼儿的实验分为设疑、假设、实验和结论四个步骤，教师要引导幼儿在示范实验的基础上提出新的疑问，开启新的实验，让幼儿通过实验证伪教师的实验，修正或拓展教师的结论。比如在磁铁实验中，教师可呈现新的材料（各种铜、铝、不锈钢乃至玻璃、橡胶等物品），引导幼儿开始实验并得出新的结论，比如可以得出铜铝的不吸，不锈钢材质有的吸、有的不吸，玻璃、橡胶、布料等都不吸；也可以是金属以外的都不吸，金属的则不一定。另外，教师还可以给幼儿U型磁铁或条形磁铁，用大头针做实验，引导幼儿注意磁铁不同部位的吸力是否一样，从而发现两端吸力大、中间吸力小，或者进一步发现两极现象，以及"同极相斥、异极相吸"的规律。

最后是教师总结阶段，这个阶段主要是概括发现的新结论，表扬幼儿在探究过程中发现环节，尤其是那些带有顿悟性的发现环节。通过总结和回忆，教师可以再现那些思维火花，起到强化效果。

三、实验探究活动的指导

在实验探究活动中，从实验过程的各环节来看，都应贯穿着教师的指导。

1. 指导幼儿提出假设

幼儿在原有知识的基础上，通过对教师实验的观察或者对所给材料的游戏性把玩，产生好奇与疑问，而后试图进行解释，即形成假设。

2. 指导幼儿实验，检验假设

在幼儿提出假设后，教师要指导幼儿根据假设来做实验。这个过程的关键是指导幼儿操纵各种变量，即改变自变量，控制无关变量，观测因变量，这样才可以探究自变量和因变量之间的关系。如图3-9所示，比如在检验"糖在热水中的溶解速度更快"，要保证两杯水一样多，用同一种糖且量一样多，只有两杯水的温度不同，观测哪一杯水中的糖先溶解。再比如沉浮实验中，检验"大的东西会下沉，小的会浮着"假设，则需要用材质、形状、颜色相同但大小不同的物体来进行实验。

教师要注意提供充足的实验材料，保证在实验中各个变量都有可操控的余地，比如为沉浮实验提供的物品要在材质、大小、形状等各个维度上都体现出变化，给幼儿充分的选择空间。由于幼儿的游戏心理或者幼儿思维的局限性，会导致不能清晰贯彻假设的思路，他们可能会随心所欲地挑选物品进行实验，此时教师要引导幼儿挑选恰当的实验物品，引导幼儿按照实验目的进行实验。常用的办法是在幼儿进行实验之前，教师通过提问给予提醒，如"这个物品会漂浮还是下沉？""你猜哪个物品会漂浮？"让幼儿对结果做出预测，并加以强调，

再将物品投入水中。随后，教师还要提醒幼儿注意观测实验的结果，可与幼儿一起重复认定结果，也可以用适当方式进行记录，因为幼儿容易遗忘，以致影响总结实验结论。

另外，同一实验要多做几次，这样可以减少偶然性，再次做实验时要改变无关变量，比如第一次用大小不同的石块做实验，第二次则用大小不同的木块做实验。糖的溶解速度与水温的关系实验也一样，可以用白砂糖做一次，再用红糖做一次，还可再用冰糖做一次。

图 3-9 溶解实验

3. 指导幼儿分析结果，得出结论

在幼儿观测或记录了每一次实验的结果后，教师要指导幼儿根据这些结果总结并得出结论。这个过程中要注意训练幼儿的归纳概括能力，比如糖溶解实验，教师可引导幼儿概括出，无论是白糖、红糖、冰糖，在水中溶解都符合一个规律，即"糖在热水中溶解得快"，或者引出更严谨的表述"水越热糖溶解得越快"。再比如沉浮实验结论的概括过程为，幼儿根据看到的结果，总结出"体积大的东西有的下沉，有的漂浮；体积小的东西也是有的下沉，有的漂浮"，教师可对此进行引导，概括为"体积大的下沉的想法不对"，并进一步概括为"沉浮与物体的体积大小没有关系"。

4. 引发新的思考，进行新的实验

在幼儿完成实验并得出结论之后，教师要提出新的要求，引导幼儿进行下一步探究。对于证实实验，教师要引导幼儿通过新实验证伪；对于证伪实验，教师要引导其走向新的证实实验。比如"糖在热水中溶解得快"是证实实验，在新的实验中，教师可对冷水进行搅拌，使糖迅速溶解，从而证伪前面的实验结论，引发幼儿新的思考；而"大的下沉"实验则是证伪实验，在证伪之后，教师要及时追问"究竟什么样的下沉，什么样的漂浮呢？"引导幼儿提出新的假设，如"石头下沉，木的漂浮"，并进行新的实验。

单元三　实验探究活动

科学是以证伪的方式发展的，幼儿对于科学的探究也是如此，所以教师要引导幼儿进一步地实验、探究、证伪。教师可以在原有实验结论的基础上，提出新假设，比如糖在热水中溶解得快，那么是不是别的可溶解物质也都是在热水中溶解得快呢？也可以在原有实验基础上增加新的变量，比如溶解实验中的搅拌就可能是原来没有考虑到的变量，再比如磁铁实验中的相斥、磁铁部位的不同、相吸（或相斥）力的大小等，这些都是随着实验的深入可以陆续增加的变量。另外，也可以增加新的实验材料，如在"木的能漂浮"假设被证实后，教师可提供下沉的木块，这些新变量、新样本的出现也都会引出新的假设、新的实验，从而推动探究的不断深入。

操作实验型科学教育活动的设计与指导

案例评析

案例：小班科学活动——水果的沉浮

活动室的每张桌子上都摆着苹果、梨、香蕉等水果及一盆水。另外，桌子上还放着供幼儿记录用的卡片和水果小图片。水果的沉浮实验场景如图3-10所示。

图3-10　水果的沉浮实验场景

随着老师一声亲切地招呼，幼儿们活跃起来了，情不自禁地指点着、议论着各种水果，有的描述它们的形状，有的在回忆吃这些水果时的情景，大约过了5分钟，教师请幼儿们安静下来，问他们有什么要求，幼儿们有的说想吃，有的说想把它们放在水里玩，教师同意了幼儿们的要求，先把水果放在水里玩一玩，然后再吃。幼儿们高兴极了。接着，教师请幼儿们思考一个问题：这些水果放到水里后会怎么样呢？幼儿们开始议论，有的说会沉到水的下面去，有的说会浮到水的上面来，这时，教师请幼儿们把自己猜想的结果用水果小图片在记录卡上记录下来，记录卡上画有水杯，水杯上有水位线，幼儿们凭着生活经验猜想着每一个水果放到水里可能出现的情况，并认真地记录着猜想的结果。

然后，教师让幼儿们进行实验操作，验证猜想的结果，修改记录。幼儿们是那么认真，那么专注，把每一个水果放进水里，仔细观察它们在水中的位置，然后检查自己的记录是否正确，教师则巡视观察，适时指导，帮助幼儿在观察沉浮现象的同时，正确运用"沉"和"浮"这两个词，经过足够的时间后，教师让幼儿们围坐在一起，相互交流着自己的发现，幼儿们在不知不觉的玩耍中初步获得了物体沉浮的概念。为什么大西红柿浮，而小葡萄沉呢？幼儿们带着探索后又生成的新问题，意犹未尽地离开了活动室。

在接下来的活动中，教师当然不会忘记带幼儿们吃水果。在吃水果的过程中，幼儿们又会发现新问题，获得新知识。

评析：

这是一个探究水果沉浮的实验活动，活动的一个重要环节是教师请幼儿们把自己猜想的结果用水果小图片在记录卡上记录下来，它可使幼儿的猜测明确化，这在实验活动中是很重要的，有明确的假设预测才可进行有目的的实验验证。幼儿在做事情之前常常没有预先的目的，对事情缺乏推理判断能力，属于较低级的直观动作思维，往往是在动作行为已经有了结果之后，他们才会知道这个结果。没有假设或预测，也就无法把结果与假设相比较，无法通过结果与假设是否一致来强化自变量与因变量之间的联系。预测是活动在头脑中的预演，是动作内化为思维的产物，幼儿从直观动作思维到更高级的思维活动的发展就是从会预测开始的。所以，本活动中教师让幼儿预先想象结果并使之外化、明确化，这是很合理的做法。当然，对预设的外化应该越明确越好，想出来不如说出来，说出来不如做（画或标）出来。同时，在这里还需注意的是预测结果的外化过程应该快一些，标记的过程不要过长，时间过长会使幼儿在画的过程中产生注意力的转移。有了预测，实验才明确了目标和方向，才真正成为有目的的活动。否则，幼儿可能会盲目活动，进入一种纯粹玩游戏的状态，会导致场面混乱失控。

知识巩固

1. 名词解释

实验探究活动　　证实实验　　证伪实验

2. 简答

（1）举例说明实验探究活动的心理过程。

（2）设计实验探究活动时，如何选择合适的课题？

（3）实验探究活动的过程一般包括几个阶段，怎样进行设计？

（4）如何指导幼儿的实验探究活动？

实践训练

1. 设计训练

请以"光与影"为主题，设计一个大班实验探究活动。

2. 评析训练

下面是一个实验探究活动案例，请根据本单元所学内容予以评析。

大班科学活动：沙堆滚球

活动目标：

（1）通过在沙堆斜坡向下滚落塑料球的活动，引导幼儿探究领悟斜坡越高球滚得越远的道理，并进一步探究如果斜坡高度相同，则坡面和地面的光滑度会影响球滚动的距离。

（2）通过引导幼儿观察沙堆的不同培养幼儿观察能力和发现问题的能力，通过实验探究培养幼儿的思维能力，锻炼幼儿的动手操作能力。

（3）通过实验及游戏，培养幼儿的探究兴趣与实验习惯，并培养幼儿养成团队合作意识、规则意识、竞争意识等。

活动准备：

沙堆、相同的塑料球若干个、测量用皮尺

活动过程：

（1）活动导入。

（2）教师和幼儿一起堆起两个沙堆，在其中一个沙堆的顶部放开塑料球，测量它滚动的距离。之后，在另一个沙堆上继续滚球、测量，两次滚的距离是不一样的。这时，教师向幼儿提问：怎样才能让球滚得远呢？

（3）幼儿自主活动，三人一组，各自堆沙堆，看哪一组球滚得远。

①首先引导幼儿认识到沙堆越高球滚得越远。当教师发现沙堆的坡度、坡面和地面的其他因素可能会影响实验结果时，要不动声色地对坡面和地面进行整理，尽量使其一致，使高度成为影响结果的主要因素，确保沙堆越高，球滚得越远。

有的幼儿可能会发现用力滚动，球就滚得远。教师要对这个发现予以表扬，但之后要及时修改规则，说明不许用力推球。

坡度、坡面、地面情况，球滚动的路线等都可能是影响结果的变量，教师要及时对这些变量淡化处理，让其不影响实验结果。

引导操作的幼儿注意观察自己沙堆与别人沙堆不同的高度，然后再滚落球。

引导旁观的幼儿注意观察不同沙堆的高度，并猜测，然后注意球滚动的距离。

当有幼儿提出高的沙堆滚得远时，及时给予表扬，并鼓励其当场验证。

②对于高度和坡度相似的沙堆，用平整硬实的坡面地面与松软不平的坡面地面比较，引导幼儿得出球在平整硬实的坡面地面上滚动得远的结论，如图3-11所示。

（4）总结。

（5）延伸。

图3-11 沙堆滚球

单元四　科技制作活动

学习目标

1. 知识目标

了解科技制作活动的概念、特点、分类及作用，理解科技制作活动的设计与组织指导中的规律。

2. 能力目标

（1）初步掌握设计科技制作活动的能力，基本掌握科技制作活动的组织与指导能力。

（2）了解我国科技发展，能将一些科技发明转化为幼儿科技制作的主题。

3. 情感目标

（1）从科技发展介绍祖国的伟大，并将爱国情感传递给幼儿。

（2）形成乐于探索科技制作的兴趣。

情境创设

情境一：

今天，陈老师组织了一次大班科学活动——"小风扇转起来"。首先，陈老师打开了活动室中的电风扇，很快，闷热的活动室凉爽了起来，然后问幼儿："是什么让活动室变得凉快了？"幼儿异口同声地说："电风扇。"陈老师肯定了幼儿的说法，并说："电风扇离老师太远了，所以我没感觉很凉快，我自己还带了一个宝贝。"说着，陈老师拿出了小电扇，打开开关，电风扇转动起来。"小朋友们，你们看老师还有个小电风扇，你们喜欢吗？""喜欢……""你们想自己做一个吗？"幼儿跃跃欲试。于是，陈老师给幼儿们分发了手工制作电风扇的材料包。陈老师

领着幼儿一起制作，要求幼儿严格按照老师给出的步骤进行。第一步，将小电机固定在支架上，并将支架插入底座的凹槽中；第二步，将电池按照陈老师说的方向放入电池盒，并将电池盒用泡沫双面胶贴在底座上；第三步，将电池盒上的导线与小电机的两端连接起来；第四步，将风扇的扇叶安装在小电机上。幼儿按照陈老师给出的步骤一步一步地制作，陈老师边演示制作过程，边巡回检查。发现安装错误的情况，陈老师会进行强化示范，或亲自动手帮助幼儿完成，例如，有些幼儿将电池正负极安装反了，陈老师会直接帮他们安装好。

制作完毕后，陈老师让幼儿打开电池盒上面的开关，一个个小风扇转动了起来。幼儿拿着自己制作的小风扇，感觉非常高兴。在幼儿的观声笑语中，陈老师结束了这节课。

情景二

清明节前后，风和日丽，适合户外活动。王老师决定组织一次"小小降落伞"的大班科学活动。王老师提前准备了一些塑料袋、棉线和橡皮泥，并将塑料袋剪成了边长分别为40厘米、60厘米的两种正方形备用。

制作活动开始了，王老师先给幼儿播放了一段"降落伞的故事"动画片，幼儿们对降落伞非常感兴趣。幼儿七嘴八舌地讨论开了，"从天空跳下来是不是有飞的感觉啊？""有降落伞是不是就不会摔坏啊？""哦，我也想有个降落伞。"王老师趁机引出了本节课的主题——"小小降落伞"。王老师给幼儿展示了自制的降落伞，幼儿都投来了羡慕的目光。王老师将降落伞拿给幼儿观察。"我知道了，这个是用塑料布做的。""塑料布的角上绑上细线了。""下面有橡皮泥。"王老师在确定幼儿仔细观察之后，讲述并演示了制作方法，然后发放材料，让幼儿分组制作。王老师在制作过程中巡视，当幼儿需要帮助时，进行适度指导。

制作完毕后，王老师带幼儿到户外玩降落伞，引导幼儿把降落伞举到同一高度，然后松手，让它们同时向下落。"我的最先落地。""我的比你的晚。""我的最后到地上。"……幼儿们七嘴八舌地说着。王老师引导："为什么有的快，有的慢呢？比比你们的降落伞有什么不同。""我的塑料片比他的大，落的比他的慢。""我的塑料片小，可是落得也挺慢的。""是不是因为你的橡皮泥比我的小啊？"在王老师的引导下，幼儿又在降落伞上加了一些橡皮泥，结果发现它下落速度变快了。

陈老师和王老师的教育活动属于科技制作活动。请问他们的教育活动成功吗？科技制作活动应该如何设计？应该如何组织活动引导幼儿参与呢？

单元四 科技制作活动

基本知识

一、科技制作活动概述

（一）科技制作活动的概念

科技制作活动是学前儿童科学教育中的一种重要形式，是指幼儿在教师的指导下，根据简单的科学原理，综合运用多种能力，利用废旧物品、自然材料等制作出适宜自身操作的玩、教具的过程。

通过科技制作活动，幼儿可以学习使用工具，投入科技制作的探究中，在操作和使用中发现问题，并在实践中不断尝试解决，从而引发思考，逐渐形成对科学世界的正确认识。但由于年龄的限制，幼儿还不能真正理解那些抽象深奥的科学知识和原理，因此科技制作活动应充分考虑幼儿的认知规律、学习特点及动手能力，着重培养幼儿的科学兴趣，逐步介绍正确的科学方法，而不能强求幼儿掌握系统的科学知识及高难度的制作能力。

例如，在制作小降落伞时（图4-1），幼儿在制作和玩的过程中，可以通过对比、改进、再对比、再改进的科学方法对降落伞的结构进行完善。在这个过程中，幼儿逐渐了解影响降落伞下落速度的因素，一步步地接近科学原理。

科技制作活动要与美工制作活动区分开，科技制作活动是根据科学原理开展的手工制作活动，制作出的作品要包含一定的科学道理。

图4-1 小降落伞

（二）科技制作活动的特点

1. 科学性与趣味性

科学性主要体现在科学知识和科学思维上。科技制作活动要在科学知识的基础上展开，所制作的作品能展现科学现象，有助于幼儿了解浅显的科学规律。例如，在大班的"气球火箭"的制作活动中，幼儿通过制作及实验气球火箭，观察到向后喷出的气体可以使气球向前运动，于是初步感知反作用力。科技制作过程不是简单的模仿过程，教师应引导幼儿运用科

学思维方法,从而培养幼儿的科学思维能力。在制作过程中,幼儿通过实践操作去发现问题、探究问题、解决问题,学会运用科学的方法进行思维。例如,在制作小降落伞的过程中,幼儿通过实践操作发现问题,通过对比探究问题产生的原因,通过修改作品验证自己的发现。

从幼儿的角度出发,要使科技制作活动得以顺利、有效地开展,教师应将对幼儿兴趣的培养放在教学策略的首位。兴趣是幼儿认知事物、探求真理的源动力。因此,科技制作活动的主题选择应注重趣味性,例如选择不倒翁、风车、陀螺等幼儿非常喜欢的玩具进行制作,能大大提高幼儿的兴趣及参与度。幼儿科技制作活动的作品如图4-2所示。

图4-2 幼儿科技制作活动的作品

2. 可操作性与技术性

对于幼儿来说,科技制作活动较其他的科学活动可操作性与技术性更强。幼儿在制作过程中,需要比较熟练地运用各种工具。例如,在"会转的陀螺"的活动中,幼儿要熟练地掌握用剪刀沿着描画的曲线剪下圆形纸片的技术;在"自制沙漏"的活动中,幼儿要尝试运用锥子在瓶盖上钻孔的技术和用漏斗向瓶子中灌装沙子的技术。

在制作过程中,幼儿通过练习逐渐熟练地运用各种工具,掌握初步的劳动技能。幼儿可以通过技术操作有效提升实践能力,在手、脑、眼并用的过程中促进肌肉及思维能力的发展。当然,在幼儿进行操作的过程中,教师应根据幼儿的能力为其提供适当的帮助,以保证幼儿在制作过程中的安全。

3. 创造性及产出性

在科技制作活动中,幼儿能制作出自己喜欢的作品,使幼儿获得成就感,提升自信心。例如,在"会转的陀螺"的活动中,幼儿利用牙签、火柴、硬纸片等可以制作出各种各样的陀螺。幼儿在制作的过程中,还会充分发挥自己的想象力、创造力,制作出与众不同的作品。

(三)科技制作活动的分类

按照制作思维方式的不同,科技制作活动可分为模仿型科技制作活动和创造型科技制作活动两种。

1. 模仿型科技制作活动

模仿型科技制作活动是指幼儿模仿成年人的制作方法而进行的制作活动。例如,在"纸箱机器人"的制作活动中，教师首先展示机器人模型，然后一步步示范机器人的制作方法和流程，幼儿模仿进行制作。模仿型科技制作活动能够锻炼幼儿的动手操作能力，但是在一定程度上限制了幼儿创造力的发展。

2. 创造型科技制作活动

创造型科技制作活动是指幼儿能够独立自主地进行创新制作。幼儿在科技制作中的创造属于初级创造，但对于幼儿创造能力的发展却有着非常重要的作用。例如，仍然用"纸箱机器人"的制作活动举例，教师首先给幼儿展示各种不同样式的机器人图片，然后再为他们提供各种制作材料，让幼儿自由选择材料、自主设计样式，最终创造出幼儿心目中的机器人。创造型科技制作活动给幼儿提供了广阔的创造空间，但难度较大。

模仿型科技制作活动与创造型科技制作活动应相互结合，在活动过程中综合运用。创造型科技制作活动要以模仿型科技制作活动为基础，要在模仿的基础上实现创新，既确保了幼儿能够在模仿的基础上制作出作品，又发挥了幼儿的创新创造能力。

（四）科技制作活动的意义

1. 促进幼儿生理和心理的发展

科技制作活动为幼儿提供大量的可操作性材料，幼儿在对材料进行选择、制作的过程中，促进了肌肉的发展，提升了手眼协调能力。同时，幼儿还锻炼了自己的耐心、细心，以及专注力，体会制作的成败，有效促使幼儿提高自控力、增强自信心。

2. 促进幼儿智力的发展

幼儿在制作的过程中，不断地思考、改进，运用科学的方法解决制作中遇到的问题，逐渐了解科学原理，获得科学知识，从而使认知范围逐渐扩大，也使认知能力得以发展。

3. 促进幼儿社会性的发展

科技制作活动强调幼儿间的合作，在合作与交流过程中，幼儿逐渐学会听取、尊重他人的意见和建议，从而促进其社会性的发展。

4. 促进幼儿美育的发展

幼儿在装饰科技制作的作品的过程中，逐渐学会感受美、表现美，甚至创造美。

二、科技制作活动的设计

（一）选择恰当的制作主题

玩是幼儿的天性，好奇心强是幼儿重要的特点，科技制作活动要让幼儿在玩中不断受到科学知识的熏陶。因此教师要善于发现幼儿感兴趣的科学内容，从中提炼出适合幼儿的制作

主题。在选择制作主题时，还要考虑到幼儿的能力，选择制作方法简单、制作效果明显、便于儿操作、符合幼儿学习心理的主题。例如，在自由活动时，茜茜给小朋友们讲昨天在电视中看到杂技演员非常厉害，用嘴咬住架子就可以倒立，太羡慕他们了。李老师抓住这个机会（图4-3），指导幼儿制作了平衡玩具"倒立的小丑"。再如，我国有很多伟大的发明创造，教师可以从其中找到科学制作的主题。例如，"四大发明"中的指南针，教师可以利用指南针发明的故事引发幼儿对指南针的兴趣，带领幼儿制作简易的指南针，如图4-4所示。这些简单、直观、形象、源于生活的制作主题，幼儿都非常喜欢，能够较好地达到预期目的。

图 4-3　倒立的小丑　　　　　　　　　　　　　图 4-4　简易指南针

（二）确定合理的活动目标

教育目标可以分为知识目标、能力目标和情感目标三个方面。其中知识目标主要是使幼儿掌握制作对象包含的简单科学知识和科学原理；能力目标主要包括幼儿应具备的一定的设计、制作、操作、创新、协作等方面的能力；情感目标主要包括幼儿的科学兴趣、探究欲望等。

教学目标的确定要符合幼儿年龄特点及发展水平，根据科技制作的难易程度确定目标，并依据实践灵活调整，如"磁铁钓鱼玩具"活动的三维目标见表4-1。

表 4-1　"磁铁钓鱼玩具"活动的三维目标

目标分类	目标表述
知识目标	知道磁铁可以吸引铁的东西；知道钓鱼玩具的制作方法；了解磁铁在生活中的应用（白板磁扣、铅笔盒等）
能力目标	具有探索"小鱼"是怎么被"钓"起来的观察能力；能够熟练地使用剪刀、彩笔等工具；能够自主构图，设计制作自己的"小鱼"和"鱼钩"；能够根据同伴的评论调整并完善制作方法
情感目标	对"小鱼"是如何被"钓"起来充满探索的兴趣；注意"小鱼"的设计，初步具有创造美的意识；体验制作成功后的成就感

（三）创设科学的活动过程

科技制作活动一般包括提出问题—研究问题—解决问题—交流感想—完善提高—展示分享六个步骤。

1. 提出问题

要保证科技制作活动的顺利开展，教师首先要激发幼儿的兴趣，引发幼儿思考。例如，在"制作不倒翁"的活动中，教师可以为幼儿提供几个造型不同的不倒翁，让幼儿玩不倒翁，从而激发幼儿的制作欲望。

2. 研究问题

教师要引导幼儿充分认识制作对象的材料、结构、功能等，为后续的制作奠定基础。例如，幼儿通过玩玩、摸摸、拆拆、看看了解不倒翁的结构和材料，对制作方法有初步的了解。

3. 解决问题

在研究问题的基础上，教师引导幼儿进行制作，如可通过讲解、示范、讨论等方式，让幼儿了解工具的使用、制作方法及步骤。在引导过程中，教师要给幼儿保留创作空间，不要机械地要求幼儿模仿，要将模仿与创造有机结合。例如，制作不倒翁时，教师可以提供蛋壳、药盒、乒乓球、橡皮泥、沙子等不同的材料作为底座和填充物供幼儿选择，以充分发挥幼儿的创造力。

4. 交流感想

在制作过程中，教师巡回指导，幼儿之间互相交流制作心得，这样可以促进幼儿发挥想象力。

5. 完善提高

通过交流，幼儿对自己的作品有了新的认识，可以进一步完善作品。

6. 展示分享

制作完成后，教师组织幼儿展示分享自己的作品，使幼儿获得成就感，并鼓励幼儿大胆地尝试描述作品制作的创意、选取的材料、制作的过程等，以此来提高幼儿的语言表达能力。

三、科技制作活动的组织指导

科技制作活动的组织指导应面向全体幼儿开展，注重探索过程的指导，鼓励幼儿主动创作，让幼儿主动、快乐地参与活动。

1. 活动前的准备

在活动前，教师要对活动的内容做充分的准备，一是科技知识的准备，教师要认真熟悉活动内容，把握好该活动的科技知识及科学术语，活动前可组织幼儿学习相关科技知识；二是制作材料及工具的准备，教师可组织家长及幼儿积极提供制作材料，以提高幼儿参与积极性。

2. 活动过程的组织

（1）精心设置导入，激发幼儿兴趣。

精彩的导入环节，能够调动幼儿的好奇心，吸引他们参加活动。科技制作活动可通过设置问题、操作制作成品、讲故事等方式导入。例如，在"小降落伞"的制作活动中，可让幼儿玩小降落伞成品，让他们产生制作兴趣。

（2）指导幼儿制作，鼓励自主创新。

教师作为幼儿学习的支持者和引导者，在指导幼儿制作的过程中，应采取集体指导和个别指导相结合的方式，充分考虑到每个幼儿的能力及特点，因材施教，使所有幼儿积极参与制作活动，让每个幼儿都有动手操作的机会。

在制作过程中，教师的问题要具有启发性，让幼儿带着疑问、按照自己的想法去选择材料，验证自己的想法和假设。积极鼓励幼儿创新，教师不要让幼儿一味模仿，要解放幼儿的思想，激发幼儿的发散思维，培养幼儿的创造力。例如，在"制作不倒翁"的活动中，教师可引导幼儿发挥想象力，制造出不同形状的不倒翁。

（3）积极开展交流，引发幼儿思考。

幼儿在制作过程中有新想法、新创造时，无论幼儿最终的验证结果与最初的想法是否一致，教师都要积极为幼儿创造条件，鼓励幼儿跟大家交流。无论是成功的经验还是失败的经验，都是幼儿一步步接近科学知识的途径。教师要在幼儿交流时，适时引导幼儿总结发现，鼓励幼儿在前次探索、发现的基础上进一步思考，寻求新的发现。例如，在"制作不倒翁"的过程中，幼儿选取不同的填充材料，同种材料填充不同的量，都会导致结果有成功有失败，教师应引导幼儿分享讨论，找出失败的原因，并鼓励幼儿进一步改进自己的作品。

3. 活动总结

教师在活动结束前，和幼儿一起对本次活动的知识点进行总结，可针对知识点提出新的问题，引导幼儿在此次活动的基础上继续展开新的探索。在总结中，教师要针对幼儿的表现做出正确评价，以提高幼儿参与活动的积极性。

案例评析

案例一：大班科技制作活动——会走的纸杯娃娃

一、活动目标

1. 通过制作会走的纸杯娃娃感知弹力。
2. 探索中发现会走的纸杯娃娃的制作方法，掌握纸杯打孔、使用回形针等技能。
3. 培养幼儿乐于探究、动手制作的兴趣。

二、活动重难点

活动重点：探索纸杯会走的秘密，能根据探索发现，制作会走的纸杯娃娃。

活动难点：动手制作纸杯娃娃。

三、活动准备

1. 会走的纸杯娃娃人手一个。
2. 纸杯、彩笔、橡皮泥、橡皮筋、回形针若干。
3. 会走的纸杯娃娃制作流程图。

四、活动过程

1. 展示会走的纸杯娃娃，激发幼儿探索、制作的兴趣

（1）今天老师给大家带来了一个小伙伴，是一个神奇的纸杯娃娃，如图4-5所示。小朋友看看它怎么神奇了？

（2）原来这是一个会走的纸杯娃娃，纸杯为什么会走呢？

让幼儿猜一猜，说说自己的想法。

图4-5 会走的纸杯娃娃

2. 幼儿探索纸杯娃娃会走的秘密

分给幼儿每人一个纸杯娃娃，让幼儿玩一玩、看一看，探索纸杯会走的秘密，说说自己的发现。

教师引导幼儿共同总结：我们把橡皮筋卷起来，再把纸杯放到桌上，橡皮筋就会快速地

弹回去，橡皮泥球就像轮子一样转动起来，纸杯娃娃就能走路了。原来橡皮筋被卷起来之后，就有了力，是这个力让纸杯动起来的，这个力就是弹力。

3. 幼儿探索会走的纸杯娃娃的制作方法

教师引导：小朋友们都喜欢玩纸杯娃娃，那么你们想不想自己做一个呢？

（1）幼儿通过观察，发现需要的制作材料。

教师鼓励幼儿边观察边说出需要的材料，再根据情况适当地引导与补充。

（2）继续观察，讨论制作的方法。

边观察，边讨论，让幼儿讨论他们认为应该如何制作。教师边观察边提出自己的见解，引导幼儿思考。

（3）出示打乱顺序的流程图，让幼儿说说应该先做什么，后做什么（画纸杯、用回形针固定皮筋、橡皮泥球固定在皮筋上）。

画纸杯：小朋友们发挥一下自己的想象力，在纸杯上画上你最喜欢的娃娃吧。

用回形针固定橡皮筋：让幼儿观察皮筋是如何固定在纸杯上的。教师教会幼儿回形针如何卡住橡皮筋、如何固定到纸杯上。让幼儿仔细观察，两个回形针分别固定在了什么位置。

将橡皮泥固定到皮筋上：我们怎样才能把橡皮泥固定在橡皮筋上呢？要捏成什么形状呢？

4. 幼儿操作，教师给予适度指导

在幼儿制作过程中，教师巡回指导，运用全体演示与个别指导的方式帮助幼儿。教师要关注幼儿的回形针有没有固定在对称的位置、橡皮泥有没有很好地固定在橡皮筋上，以及有没有捏成球状等这些关键问题。

5. 展示制作成果，分享制作经验

组织幼儿展示自己的作品，看看作品是否成功。

教师引导：没有成功的小朋友遇到了什么困难？你的作品哪里不成功？

谁能帮助他来解决这个问题呢？

幼儿互相讨论，完善作品。

6. 教师总结

小朋友们通过制作都发现了橡皮筋是有弹性的，我们还能用橡皮筋做些什么玩具呢？小朋友们回家和爸爸妈妈共同研究一下橡皮筋还能做出什么来，然后一起动手做做吧。

五、活动延伸

在科学区投放纸盒、橡皮筋等成品或材料，给幼儿提供在区域活动时继续探索的机会。

评析：

本案例中，教师在活动一开始就通过"纸杯娃娃会走"的神奇现象吸引幼儿的注意力，调动幼儿参与活动的积极性，初步激发幼儿的探究欲望，然后再通过探究过程，激发幼儿的制作热情。制作的过程不是简单模仿的过程，通过教师的引导，幼儿积极参与制作，边探索边制作可以培养幼儿的创造能力。活动结束后，探索的过程并没有结束，教师为幼儿继续探索活动埋下伏笔，让幼儿继续探索橡皮筋的科技小制作。

针对幼儿的年龄特点及制作水平，整个制作过程既有针对全体幼儿的演示，又有针对个别幼儿的辅导，保证了每一个幼儿都能够完成制作活动，获得成功的快乐。

案例二：幼儿园大班科技小制作——风车转转转

设计意图：春天来了，公园里举办了"风筝风车节"，周末一些幼儿跟爸爸妈妈去公园游览，非常高兴。到了幼儿园，幼儿兴奋地给同学介绍自己看到的一幅幅由风车组成的图案，大家都兴奋地讨论起来，还有幼儿提议自己做风车，把幼儿园变成风车的乐园。教师抓住这个机会，开展了本次"风车转转转"的活动。让幼儿动手、动脑制作风车，体会风车转动的原理。

一、活动目标

（1）知识目标：观察风车的风叶的形状，了解风叶一边高、一边低，风车才会转动。知道风越大，风给风车的转向力就越大，风车转得就越快。

（2）能力目标：掌握用剪刀沿折痕剪纸及按图钉的技能。

（3）情感目标：遇到问题能主动寻求解决办法，感受科技制作活动的快乐。

二、活动重、难点

活动重点：制作风车，感受风越大，风车转动越快这个现象。

活动难点：按步骤图制作风车。

三、活动准备

（1）"风筝风车节"照片、制作好的各色风车若干、制作风车的步骤图。

（2）各色正方形彩纸（数量要多于幼儿的人数）、图钉、小木棍、剪刀、胶水。

四、活动过程

1. 展示风车，引发幼儿制作兴趣

（1）小朋友们，××小朋友给大家讲的"风筝风车节"有意思吗？（出示"风筝风车节"照片）

（2）小朋友们想要风车吗？

（3）展示风车。

出示风车，激发幼儿兴趣。

2. 讨论制作风车的材料及制作方法

（1）看看老师的风车，小朋友们说说制作风车需要什么材料呢？

（2）小朋友们仔细看看风车，看它是怎么做出来的呢？

（3）出示步骤图，引导幼儿观察，并验证自己的想法。

做风车一共有几步？每一步用到了哪些工具和材料？

教师在第二步中着重引导幼儿观察折痕不要全剪开；第三步中要提醒幼儿观察折叠的是哪一个角，并指导幼儿用胶水进行固定。

3. 幼儿自由探索制作风车

（1）教师引导：我给小朋友们准备了需要的材料，请大家根据步骤图来制作一个风车吧（图 4-6）。如果你们在制作的过程中遇到了困难，应该怎么办呢？

（2）幼儿自由操作，制作风车。

（3）教师鼓励幼儿遇到困难看图示或向同伴、老师寻求帮助，并注意观察幼儿的制作情况，以及解决问题的策略。

4. 教师和幼儿一起玩风车

（1）是不是每个幼儿的风车都会转呢？有没有不会转的？引导幼儿间相互对比，查找不会转的原因，并进行改进。

引导幼儿发现：风车的风叶一边高一边低风车才会旋转。

（2）引导幼儿探索风的大小对风车旋转的影响。

①小朋友们，从正面吹风车，看风车旋转得快不快？

引导幼儿仔细感受，风越大，吹的力量越大，风车旋转得越快。

②我们再到外面去玩风车，看我们跑的时候，风车旋转得快不快？

引导幼儿感受跑得越快，风越大，风车旋转得越快。

③教师引导幼儿说一说什么时候风车旋转得快。

5. 活动拓展

在手工区投放更多种类的纸张（瓦楞纸、卡纸、塑料纸等），鼓励幼儿继续探索不同类型的纸张制作出的风车有什么区别。

图 4-6 制作风车

评析:

本次活动是教师在观察幼儿的兴趣点后生成的科技制作活动,幼儿参与的积极性大大提高。本次活动设计过程体现了在"玩中学、学中乐"的教育思想,基本实现了预定的教育目标。

在制作过程中,幼儿基本处于一种根据步骤图自我学习、自我制作的状态,幼儿在遇到困难时可与同伴或教师交流,寻求帮助,有助于发展幼儿的交往能力和语言交流能力。幼儿在户外玩风车的活动,紧紧围绕着课题的中心进行,寓学于乐。

建议教师在活动前增加一些关于风的知识,以便幼儿在玩风车的环节,能更好地感受风与风车转动的关系。

知识巩固

1. 名词解释

科技制作活动　　模仿型科技制作活动　　创造型科技制作活动

2. 简答

(1)简述科技制作活动的特点。

(2)如何指导幼儿参与科技制作活动?

实践训练

1. 设计训练

请讲述"指南针的发明"故事,并设计一个大班的科技制作活动"神奇的指南针"。

2. 评析训练

下面是一个科技制作活动案例,请根据本单元所学内容予以评析。

幼儿园大班科学活动——制作竹蜻蜓

活动目标:

(1)熟悉左右对称特征,在看流程图示制作竹蜻蜓中尝试探索竹蜻蜓翅膀的大小与飞行的关系。

(2)学会较熟悉地运用对折、画剪、粘贴等技能进行科技小制作并养成活动后收拾整理材料工具的习惯。

(3)体验自主学习、合作制作的愉悦情绪,激发幼儿对民间艺术的向往和民族自豪感。

活动准备:

(1)知识准备:幼儿对蝴蝶、蜻蜓的基本特征已有一定的了解。

(2)材料准备:

①蝴蝶实物标本,课件(以蝴蝶、蜻蜓为主要内容)各1组;制作流程图7幅。

②剪刀、吸管、透明胶、画报纸、白卡纸、油画棒、记号笔、五角星(鼓励制作成功的幼儿用)。

③自制"竹蜻蜓"1个。

活动过程:

1. 通过观察、欣赏相关的实物标本和课件,熟悉左右对称特征

(1)展示蝴蝶实物标本,引发幼儿对探索的兴趣。

(2)播放课件,引导幼儿观察左右对称现象,掌握其特征,再次引导幼儿从蝴蝶的两个翅膀的图案、色彩、形状上进行比较和体验。

2. 尝试制作左右对称图形

(1)讨论制作左右对称图形的方法。

(2)幼儿尝试用画纸、油画棒独立制作并装饰左右对称图形。

(3)教师观察制作情况并归纳左右对称图形的制作方法。

①展示制作流程图,让幼儿了解左右对称图形的制作流程。

②自创儿歌归纳制作方法。

3. 制作"竹蜻蜓"玩具

(1)出示自制"竹蜻蜓",激起幼儿动手制作的兴趣。

(2)介绍基本玩法和制作所需要的材料。

(3)出示流程图,启发幼儿理解完整制作的步骤及方法。

(4)偶尔完整观看流程图,结合教师所制"竹蜻蜓"实物,交流讨论制作方法。

(5)教师对幼儿提出的疑问进行详细讲解。

(6)提供具体的操作材料,并提出制作要求。

(7)幼儿独立制作,个别能力较弱的幼儿可选择与其他幼儿合作制作或先独立制作出局部,再在教师引导下完成制作。

(8)教师巡回指导。

4. 探索"竹蜻蜓"飞行的奥秘,了解"竹蜻蜓"翅膀的大小与飞行的关系

(1)玩玩自制"竹蜻蜓"作品,体验成功的喜悦。

(2)探索"竹蜻蜓"飞行的奥秘。

(3)幼儿自由表达自己的想法,教师归纳总结。

(4)作品展示、评价与互换玩耍。

（5）迁移知识。将幼儿自制作品公开展示后，让大家评选出优秀作品。

活动延伸：

（1）将幼儿制作的"竹蜻蜓"投放在科学区，鼓励幼儿课间继续探索发现其飞行的更多奥秘。

（2）在手工区提供材料，鼓励幼儿在竹蜻蜓的翅膀造型、装饰方面进行多种改进，进一步激发幼儿的探索兴趣并提高他们的审美水平。

单元五　种植活动

学习目标

1. 知识目标

了解种植活动的概念、分类；理解种植活动在幼儿科学教育中的地位和作用；理解种植活动的设计与组织指导的规律。

2. 能力目标

能够根据幼儿特点，为幼儿选择合适的种植对象；初步掌握设计幼儿园种植活动的方法；能够组织、指导幼儿进行种植活动。

3. 情感目标

通过种植活动，培养幼儿持之以恒的意志品质；培养幼儿热爱自然、尊重生命、保护环境的良好意识。

情境创设

情境一：

春天到了，大自然呈现出一派生机勃勃的景象。小张老师特地增加了幼儿户外活动的时间，让幼儿们充分享受春天温暖的阳光，感受生命的气息。在大自然的环境里，幼儿们很兴奋，你一言我一语地谈论着：

"老师，我好喜欢春天啊，春天真暖和！"

"春天的小草真绿，还有这么多小野花，有红色的，还有黄色的，真漂亮！"

小张老师发现了幼儿们的兴趣点，决定在班里开展一次以"多彩的春天"为主题的综合教育活动。活动内容分为五个部分，分别是科学活动"温暖的春天"，

单元五 种植活动

语言活动"小蝌蚪找妈妈",社会活动"我是环保小卫士",健康活动"放风筝",艺术活动"美丽的春天",涉及五个领域。通过这一系列活动,幼儿们丰富了知识,增加了对春天的了解。

但是,小张老师在进行教学反思时,总觉得这次活动的延续性还不够。虚心向老教师请教后,小张老师又为"多彩的春天"设计了一个延伸活动——种植活动,如图 5-1 所示。她把一些废旧饮料瓶、酸奶杯改造装饰成了美丽的花盆,大家一起在花盆里种上了韭菜、西红柿、小辣椒、凤仙花等植物的种子,每天观察,然后指导幼儿们用图表的方式进行记录,大家一起见证种子发芽、长大、开花、结果的全过程。种植活动持续了很长一段时间,幼儿们的兴趣越来越浓厚。

图 5-1 种植活动

情境二:

秋天,蒲公英妈妈的孩子们都长大了;它们每人头上长着一撮蓬蓬松松的白绒毛,活像一群"小伞兵"。许多"小伞兵"紧紧地挤在一起,就成了个圆圆的白绒球!

"小伞兵"有许多好朋友,那就是隔壁苍耳妈妈的孩子——小苍耳。

小苍耳长得真奇怪,身体小小的,像个枣核,全身长满了尖尖的刺。"小伞兵"亲热地把它们叫作"小刺猬"。

有一天,一个顶小的"小伞兵"对一个顶小的"小刺猬"说:"我妈妈说,我和哥哥们不会老在这里住下去的。"

"为什么呢?""小刺猬"不明白。

"妈妈说,我们必须分散到别处去,藏在泥土里,才会像妈妈那样,长成一棵真正的蒲公英。"

"小刺猬"听了,想了想说:"可是,你们怎么到别处去呀?"

"小伞兵"还没有来得及回答,突然一阵秋风吹来,把小伞兵头上的白绒毛吹得飘呀飘的。白绒球一下子散开了,一个个"小伞兵"就像真的伞兵那样,张开降落伞在天上飞。

65

顶小的"小伞兵"飞在空中，快乐地大声喊道："小刺猬，瞧，风伯伯带我们去旅行了！再见，再见！"

好朋友走了，"小刺猬"真寂寞啊！它们也想出去旅行，可是它们没有小伞，不能跟着风伯伯走。

有一天，来了一只小鹿。小鹿轻轻地从苍耳妈妈身边擦过，没想到许多"小刺猬"就挂在小鹿的皮毛上了——因为"小刺猬"身上全是刺啊。

"小刺猬"好像骑着一匹大马，也快快乐乐地出门旅行去了。

小鹿不停地跑着，跑着。它忽然觉得身上有点痒，就靠在一棵树上，轻轻地擦起痒来，擦呀擦，这个顶小的"小刺猬"被擦了下来，落在一片草地上。

"小刺猬"刚想看看这里是个什么好地方，却听见有谁在说："咦，小刺猬，你怎么也上这里来啦？"

"小刺猬"回头一看，原来就是那个顶小的"小伞兵"啊！"小伞兵"躺在地上，已经有一半身子被土埋上了。

看到好朋友，"小刺猬"真是高兴极了。他连忙回答说："是小鹿把我带来的……"

"小伞兵"（蒲公英）和"小刺猬"（苍耳）（图5-2）又在一起了。风伯伯吹起又松又软的土，轻轻地盖在"小伞兵"和"小刺猬"的身上。

明年春天，"小伞兵"和"小刺猬"就会从泥土里钻出来。

到那个时候，"小伞兵"就是一棵真正的蒲公英了，像它的妈妈那样，长着有刺的叶子，开着美丽的小黄花。

"小刺猬"也将是一棵真正的苍耳，也像它的妈妈那样，长着带锯齿的心脏形的叶子，开着绿色的小花。

——选自 孙幼忱《小伞兵和小刺猬》

图5-2 "小伞兵"（蒲公英）和"小刺猬"（苍耳）

单元五 种植活动

> 第一段材料是幼儿园的种植活动，第二段材料是一则幼儿科学童话，讲的是在神奇的自然界，植物是如何传播种子的。
>
> 以上两段材料讲述的内容都与种植活动有关，那么，什么是幼儿园的种植活动呢？它有哪些特点和规律？应该对哪些植物进行种植？怎样利用种植活动对幼儿进行教育呢？

基本知识

一、种植活动概述

（一）种植活动的概念

种植活动是幼儿园科学教育的重要形式。所谓种植活动，是指在教师指导下，幼儿利用幼儿园户外环境和班级自然角进行一些常见植物的种植与管理，从而学习相关知识，锻炼幼儿的观察能力和操作能力，培养良好习惯，激发幼儿热爱自然、保护环境的美好情感的活动。种植活动是深受幼儿喜爱的实践操作活动。

（二）种植活动的特点

首先，幼儿园的种植活动不同于农业的种植活动，后者是一种生产活动和经济活动，前者则是一种教育活动，它的目的不在于多产和高效，而是对幼儿进行教育，所以种植品种的选择及种植的过程都要有利于对幼儿进行教育，以此引导幼儿的观察和参与，指导幼儿学习知识、提高能力，培养幼儿的情感和意志品质。

其次，种植活动作为一种科学教育活动，不同于物理、化学、天文、地理等现象的科学教育。其主要区别如下。

第一，时间跨度长。植物的生长发育是一个缓慢的过程，它不同于物理、化学等方面的变化迅速和明显，后者无论是观察实验还是制作，基本上用一两次课的时间即能完成，而完成一次完整的种植周期，可能需要数月甚至一年的时间，它具有延续性和持久性。因为其变化比较缓慢，时间持久，往往需要儿童付出更多的细心、耐心和恒心，所以种植活动在细心、耐心、恒心等品质培养方面有独特的意义。

第二，种植活动的对象是有生命的物体，不仅可以培养幼儿对生命的尊重与敬畏之情，还能大大增强幼儿的兴趣，但同时也增加了活动的复杂性与不可预知性。

（三）种植活动的意义

1. 种植活动可以丰富幼儿的知识并提升幼儿的技能水平

通过种植活动，幼儿可以长时间、近距离地观察各种植物，还要亲手操作和管理，这都可以丰富幼儿的知识，提升他们的技能。比如在种植活动中，翻地、松土、作畦、播种、浇水、除草、捉虫等，幼儿既可以学习知识，又能够提升技能。

2. 种植活动可以增强幼儿的观察能力

幼儿园的种植活动一般都是一个持续的过程，在这个过程中，幼儿可以从不同角度，用不同方式进行持续性观察，幼儿的观察能力会逐步增强。在幼儿观察的过程中，还会在教师的指导下进行科学记录。幼儿对文字的掌握还处在初级阶段，因此幼儿的科学记录多是以图表的形式，记录的过程就是幼儿提高的过程，这有助于培养他们的科学意识和科学思维。

3. 种植活动可以培养幼儿持之以恒的意志品质

一般而言，种植活动的时间跨度较长，要求幼儿坚持观察，并做好记录，这对幼儿提出了很高的要求。部分幼儿在种植初期因为好奇，坚持得比较好，但是随着时间的推移，幼儿的兴趣就会开始转移。到了这一阶段，教师一定要引导并鼓励幼儿，给予幼儿信心，让幼儿将种植活动坚持下去，培养幼儿持之以恒的意志品质。

4. 种植活动可以强化幼儿热爱自然、尊重生命、保护环境的意识

各种植物在幼儿的爱护与照顾下茁壮成长，这可培养幼儿对生命的情感，体会生命的意义，从而强化幼儿热爱自然、尊重生命、保护环境的意识。

另外，种植活动还可以培养幼儿的团队合作意识，让幼儿体验劳动的快乐与成就感，如图5-3所示。

图5-3 种植活动——体验劳动的快乐

二、种植活动的设计

（一）选择合适的种植对象

在幼儿园种植活动中，首先要对种植对象加以选择，选择时应该注意把握以下原则。

1. 安全性原则

任何形式的教育活动，其前提条件都是保证幼儿的健康与安全，种植活动也是如此，不能种植有毒的植物，如夹竹桃、马蹄莲、含羞草、滴水观音等；不能种植有刺的植物，如玫瑰、月季、仙人球等；不能种植易引起过敏的植物，如百合、夜来香、松柏等。

2. 多样性原则

在种植活动中，教师要指导幼儿种植各种类型的植物，这些不同类型的植物可以作为不同的变式，有利于丰富幼儿的知识，使其知识更加全面。比如可以种植常见的绿叶植物，如韭菜、油菜等；种植一些结果实的植物，如西红柿、黄瓜等；可以种植一些开花植物，也可种植一些不开花植物；可以种植一些木本植物，也可种植草本植物；可以种植一年生植物，也可种植多年生植物。

3. 典型性原则

幼儿园可种植的植物有很多，但根据幼儿园现有条件、环境等因素，可选择典型植物来种植。典型性原则一方面是指生活中的典型性，即所种植的植物在生活中要常见，符合人们对植物的日常认识；另一方面是指科学上的典型性，所种植植物要能够代表植物的科学特点，比如有根、茎、叶、花、果的绿色开花植物，显然，这些植物更有助于提高幼儿对植物的认识程度。

4. 好活好养原则

在选择植物时，一般要选择容易种植、便于管理、生命力强的植物，以便于幼儿维护和管理。

5. 因地制宜原则

幼儿园在进行种植活动时一定要考虑到季节和地域的特点，为幼儿选择合适的种植对象。大部分植物都是春天种植，也有的是夏天或秋天种植，南北方种植物种的差异也很大，要因地制宜地选择物种。幼儿园种植植物一般有两个区域，一个是班级的生物角，另一个是在幼儿园户外开辟的种植园，如图 5-4 所示。由于种植环境的不同，植物的选择也要有所区别。例如，在户外，可以种植一些常见的蔬菜（图 5-5），也可以种植一些常见的大田作物、经济作物甚至果树；在班级的生物角，可以有选择地种植一些常见花卉。

图 5-4　在幼儿园户外开辟的种植园

图 5-5　户外栅栏上发芽的蔬菜种子

（二）设计合理的主题活动

种植活动是一个长期的、持续的过程性活动，对于种植对象，需要每天进行管理和照顾，这种管理可以用安排值日生的方式来进行，属于个别教育活动。与此同时，也可以开展一些适合集体教育的主题活动。

1. 劳动讲解活动

在种植活动（图5-6）中，有时会有一些适合幼儿集体参加的劳动项目，在这些项目中，教师在带领幼儿劳动的同时，往往要进行一些指导和讲解，使幼儿可以边做边学，这就是劳动讲解活动。比如种植活动中的松土、播种、浇水、收获等，教师要认真设计这样的项目，让所有幼儿都能积极参加。另外，在劳动过程中，教师要抓住机会进行引导和讲解。

例如，带领幼儿种植观赏性彩椒，首先，由教师介绍彩椒的特点，了解彩椒的种植要点，让幼儿认真观察彩椒种子的形状、颜色等；其次，教师带领幼儿准备好花盆、花土等，做好种植彩椒的准备工作；最后，幼儿在教师的指导下松土，把彩椒种子均匀撒到土壤里，在上面覆盖大约1厘米厚的花土，在土壤上面覆盖一层卫生纸，随后用喷壶浇水，种植过程完成。在种植过程中，教师要对幼儿进行合理分工，让幼儿积极参与到种植过程中去，讲解时要强调种植要点，比如掩盖种子的花土厚度不能超过1厘米，花土太厚种子发芽率难以保证，太薄种子容易根基不稳；要均匀地撒播种子，种子间距掌握在2厘米左右；不能浇太多水，要在土壤上覆盖一层卫生纸后才浇水等等，并可提出问题引发幼儿思考，如"为什么要在土壤上覆盖一层卫生纸后再浇水呢？"（答案是保护种子，保持土壤湿度）。

图5-6 幼儿园户外种植活动

2. 观察活动

在种植活动中，要抓住时机对一些植物的关键特征或生长发育的关键时期进行观察，可以设计专门的集体观察认识活动，如图5-7所示，也可以指导小组或个人进行观察。比如，在植物开花的阶段，可以组织专题活动，让幼儿观察植物的花，认识花的共同性和多样性，各种花的花蕊、花瓣各不相同。

有时，一个持续性的观察活动往往由一系列的专题观察活动组成，在这种情况下，教师不仅要认真组织好每一次观察活动，还要把系列观察活动贯穿起来，一般需要做记录，便于幼儿形成完整的认识。

图 5-7　集体观察认识活动

三、种植活动的组织指导

1. 准备工作

种植园地要提前选址，准备好种植工具，如小铲、耙子、水壶等，准备好种子或植株幼苗。

2. 指导播种

按照播种要求，选择合适的时间进行种植。首先要松土，将土地分成小块，分别种植不同的作物。根据作物特点进行播种，播种方法有撒播、条播和点播等。

3. 指导田间管理

完成播种后，需要进行精细管理，内容包括松土、浇水、除虫、除草、施肥等。管理工作是一项持续时间较长而且是经常性、细致性的工作，教师要教育幼儿做到持之以恒。

4. 指导收获

到了收获的季节，教师一定要以幼儿为主体，指导幼儿收获果实。如果果实可以食用，就让幼儿品尝自己的劳动成果，让他们体会成功的乐趣；还可以让幼儿把果实分发给其他班级的小朋友，共同分享劳动成果和收获的喜悦。

总之，在幼儿园开展丰富多样的种植活动，给幼儿提供种植的环境，指导幼儿进行种植活动，可以使幼儿亲近大自然，获得对幼儿身心发展有益的经验。

四、种植实例

1. 种植绿萝

绿萝是一种观赏价值很高的绿色植物，其外形美观，不仅给室内增添了绿色，还有净化

71

空气的作用，是非常受欢迎的观赏植物。而且，绿萝的种植方法简单，生命力强，易于成活，在幼儿园可以广泛种植。

绿萝对于生长环境的要求不高，在任何季节与地点都可生长。最适宜的生长温度为白天20℃~28℃，晚上15℃~18℃。在冬季，只要室内温度不低于10℃，绿萝就能安全越冬。

绿萝的种植非常简单易操作。绿萝的繁殖采用扦插和埋茎法，在种植时对其方法要加以强调，它不同于常见的种子种植法，通过种植让幼儿认识到植物的特点及种植方法的多样性。一般是在每年的春季和夏季、在适宜的环境下进行繁殖，操作简单且成活率很高。具体的操作方法是：选取绿萝中比较长，而且生长健康的一枝作为新的本体，与母体分离，然后把它的底部枝干稍加处理。让绿萝在水中或者营养液中进行培育，过一段时间，绿萝就会生长出新的根部和芽，此时要引导幼儿观察长出的根和芽，之后就可以移栽到花盆里进行培育了。

绿萝的日常照顾也非常简单，便于幼儿操作。绿萝喜湿润，在生长季节应浇水以经常保持盆土湿润为宜。到了夏季，在充分浇水的同时，还要注意经常向叶面上喷水。到了冬季，由于室温低时要注意控制浇水的频率，因为此时气候干燥，一般每隔4~5天用温水喷洗一次叶片，保持其光亮翠绿。

2. 种植桂圆

幼儿园为幼儿提供的餐后水果大部分有籽，比如苹果、葡萄、西瓜、柚子、桂圆等，这些籽就是水果的种子。教师可以带领幼儿种植这些种子，经过精心播种养护，一般都可以长出小苗，但因为种植环境、温度等，一般无法结出果实，而让幼儿观察种子长成小苗的过程，这也是很好的教育活动。

以桂圆为例，具体的操作步骤是：吃桂圆时把核留下来，把顶端的果肉和白色软组织剔除干净（因为桂圆肉含糖量很高，如果不剔除干净，则容易生虫），将处理好的桂圆核整体泡到清水里，每天换水，大约两天后，小桂圆的外壳就会逐渐裂开，1周后，就可以看到小小的嫩芽有萌出的迹象。这时候就可以开始种植，找个合适的器皿或杯子装上湿润的泥土，把种子摆好，芽点朝上，然后上面用粗砂或小石子盖住，也可以在上面盖上保鲜膜，隔2~3天适当喷水，1周左右就会发芽，发芽后也是每2~3天喷一次水，保持泥土湿润，这样约1个月，小小的桂圆苗就长得很好了。另外，其他的种子类植物（如柚子、苹果、西瓜等）也可以用这样的方法种植。

3. 种植韭菜

韭菜属于葱科多年生宿根蔬菜，适应性强，抗寒耐热，不受地区和栽培季节的限制，生长快，病虫害较少，一年四季都可以种植。因此，在幼儿园里，教师可以利用户外种植区或者在教室里利用花盆种植韭菜，既具有观赏价值，又可以作为蔬菜食用，一举多得。

具体的操作步骤如下：选取家里废弃的泡沫塑料箱子、塑料盆、陶土盘等，以开口较大

的陶土盘为最好，在底部要留出水孔。泥土最好用花泥，播种深度为2~3厘米。然后在土层上覆盖一层卫生纸，定期喷水，保持土壤湿润，也有利于种子的萌芽。由于空间有限，盆内定植密度不可过大，定植后及时浇水，促进幼苗成活。经过精心照顾，韭菜幼苗会很快长大，长到一定高度就可以收割了，收割时要留下根部，因为韭菜是越割生长得越旺盛。在这个过程中要重点引导幼儿对"多年生宿根"的认识，因为这是一种很有代表性的植物学现象。

4. 水培大蒜（蒜苗）

很多植物是可以水培的，比如幼儿生活中常见的大蒜、葱头等。这类植物很常见，水培的方法也很简单，无论哪个年龄阶段的幼儿都可以在教师的带领下进行尝试。

具体的操作步骤如下：①选择合适的水培容器，不限大小、深浅，小到饮料瓶底、大到不锈钢盆等，都可以使用。②剥取蒜瓣的时候，保留好蒜瓣最底部，这个部位叫作鳞茎盘，鳞茎盘是蒜生根、长叶的重点部位，如果没有它，则无法成长。③水培的过程，一般在春季水培40多天，而秋冬季为60多天。水培蒜苗的收获也像割韭菜那样，留2~3厘米的茬口，这种方法收获后能再发。④带领幼儿水培大蒜（蒜苗），可以错时进行，每间隔一段时间，水培若干组，这样就能同时欣赏到大蒜（蒜苗）不同阶段的成长状态。种植水培大蒜（蒜苗）的指导要点，一是引导幼儿认识"水生"现象，意识到植物生长的必要因素是水而非土壤；二是水的透明性有利于观察，老师应引导幼儿观察大蒜（蒜苗）的生长变化，比如根的生长等。

案例评析

案例：大班科学活动——种植西红柿

一、活动目标

（1）知识目标：让幼儿了解西红柿的种植要点，观察西红柿秧苗的特点，了解西红柿的生长过程。

（2）能力目标：让幼儿掌握用小铲挖坑，栽种秧苗，培土、浇水等种植的方法与技巧。

（3）情感目标：让幼儿乐于参加劳动，对劳动感兴趣；愿意每天观察自己种植的西红柿，渴望体会收获果实的喜悦。

二、活动准备

（1）提前收拾整理好种植园地，做好平整土地和松土工作，为种植做好准备。

（2）西红柿秧苗和小铲子、水桶、水勺、喷水壶等种植工具。

三、活动过程

（1）在教室内先做好种植的经验准备工作，引导幼儿围绕西红柿展开讨论，使幼儿先对西红柿有基本了解，引起幼儿参与劳动的兴趣。

（2）教师带领幼儿到户外种植园地，示范讲解移栽西红柿秧苗的方法，引导幼儿仔细观察动作要领，直至掌握。

（3）为幼儿分发种植工具，进行小组分工，开始栽种西红柿秧苗，教师巡回指导。

（4）西红柿秧苗栽种好后，教师组织幼儿为西红柿浇水。

（5）在自己的劳动成果前合影留念，激发幼儿的种植兴趣。

（6）从种植园地回到教室，在教师的指导下，用绘画的方式记录种植活动。

（7）游戏环节：运送西红柿。通过一个运送西红柿的游戏，幼儿体验收获的快乐。用塑料西红柿做道具，让幼儿用独轮车推着西红柿进行比赛，先到终点的一组为胜。

评析：

本次活动是种植活动，属于劳动讲解活动。该活动一般选择在春天进行，通常选4月。教师可以在市场上买到培育好的西红柿秧苗，尽量选择阴天进行种植，以提高秧苗的成活率。

首先，本次活动充分做好了耕种前的准备工作，整地、松土、拣去石块瓦砾，将地耙细，分成小块，这些主要由教师提前完成。幼儿一般都对户外活动很感兴趣，但在户外活动时，很难静下心来听老师讲解，因此需要在教室内简单讲解种植西红柿的要点和相关知识，为幼儿进行种植活动打下良好的基础。在户外种植环节中，教师充分考虑到了幼儿的主体地位，为所有幼儿准备了相应的种植工具，让每个幼儿都能参与到种植活动中来，并且进行分工合作，顺利完成西红柿的种植。值得一提的是，最后的合影环节，教师组织每组幼儿在自己种植的西红柿前进行合影，留下了极具纪念意义的照片，极大地激发了幼儿的种植兴趣。在进行了较长时间的户外活动后，幼儿的体力消耗较大，但对种植的积极性还很高。因此，教师组织幼儿回到教室，用绘画的方式进行记录，这个活动相对安静，让幼儿得到了充分休息。

但是活动也有美中不足之处，如最后一个游戏环节的设计有画蛇添足之嫌。幼儿做完活动记录，本次活动就已经顺利结束，教师又设计了一个竞赛类的活动，把西红柿当作了游戏介质，但与本次种植活动的实际意义关联不大，还会耗费体力，不利于幼儿休息。其实，类似的种植活动本身就是一个可持续性活动，后续的管理活动将会持续很长一段时间，如果把作物的中后期管理、收获等作为本次种植活动的延伸，效果会更好一些。

知识巩固

1.名词解释

种植活动　　劳动讲解活动

2. 简答

（1）种植活动的意义是什么？

（2）种植活动有哪些类型？

（3）在种植活动中，教师应该怎样指导？

（4）如何为幼儿选择合适的种植对象？

实践训练

1. 设计训练

请以种植花生为主题，设计一个中班种植活动。

2. 评析训练

下面是一个种植活动案例，请根据本单元所学内容予以评析。

中班科学活动：种植大蒜

设计思路：

春天到了，幼儿园的种植活动开展得热火朝天，我们中班的幼儿也要积极参与。但是中班的幼儿动手和活动能力较差，不宜参与户外大型种植活动。因此，我设计了水养大蒜的种植。

活动目标：

（1）知识目标：了解大蒜与蒜苗的关系和特征，了解大蒜的生长变化过程。

（2）能力目标：掌握水养大蒜的方法。

（3）情感目标：培养幼儿对于水养植物的兴趣，感知大自然的神奇。

活动准备：

（1）大蒜若干个、深底盘若干个（盘中放一半水），水养植物营养液。

（2）大蒜、蒜苗的图片若干张。

活动过程：

（1）观察大蒜。看一看大蒜的形状、闻一闻大蒜的味道，给幼儿讲解有关大蒜的知识。

（2）种植大蒜。示范、指导幼儿把蒜皮剥开，把蒜瓣根部朝下，一个一个紧挨在一起，种在盘中。

（3）管理大蒜。大蒜要种在盘子里，一定要种得紧密，还可让幼儿在其中滴入适量的水养植物营养液，让大蒜生长。

（4）活动总结。让幼儿讨论怎样水养大蒜，其过程和要点是什么，培养幼儿对于种植的兴趣。

【拓展阅读】

种植常识

一、植物是如何传播种子的

（1）椰子：椰树的果实成熟以后，外壳又坚又硬，像一只小船。从树上落下后，它随海水漂到远方，浪潮把它冲上海岛，岸边就会长出新的椰树。

（2）松子：松子是靠松鼠储存过冬粮食时带走的。松鼠在秋天，为了储存过冬的粮食，喜欢把这些松子等坚果带走，埋到地下或树洞里保存，有些松子到了春天还没有被吃掉，就会在埋藏地点生根发芽。

（3）蒲公英：蒲公英是多年生草本植物。它的果实像一个个白色的绒球，当冠毛展开时，就像一把把降落伞，随风飘扬，把种子传播到四面八方。

（4）柳树：春天，柳絮四处飞扬。你知道春天柳絮飞扬的奥秘吗？抓一团柳絮仔细观察，会发现里面有些小颗粒，那就是柳树的种子。柳树就是靠柳絮的飞扬，把种子传播到四面八方的。

（5）凤仙花：凤仙花妈妈传播种子的方法跟豌豆妈妈的方法差不多。凤仙花果实成熟后会炸裂，凤仙花妈妈用这种方法把种子送到四面八方。

二、不适合在幼儿园种植的有毒的植物

（1）夹竹桃：夹竹桃的叶、茎、皮均有剧毒，人畜误食后有危险，应避免栽种。其花亦有微毒，不宜近嗅。夹竹桃有毒，黄花夹竹桃的毒性更甚，这是因为它含有夹竹桃疳。人体如果接触到其汁液，则会发生皮肤瘙痒、红肿等过敏症状，如果误食则会引起中毒，重者可能危及生命。另外，夹竹桃的花粉也具有毒性。

（2）马蹄莲：马蹄莲的花有毒，内含大量草本钙结晶和生物碱，如果误食会引起昏眠等中毒症状。该物种为中国植物图谱数据库收录的有毒植物，其块茎、佛焰苞和肉穗花序有毒。咀嚼一小块块茎会引起舌喉肿痛。

（3）含羞草：含羞草中含有一种名叫含羞草碱的物质，这种物质对人体有一定的危害性，如果经常接触含羞草，会导致毛发酥麻、变黄甚至脱落。含羞草在白天一般不会对人体造成伤害，但是到了夜间，它不能进行光合作用，会释放出有毒物质。所以，含羞草不宜在室内种植。

（4）滴水观音：茎内的白色汁液有毒，如果误碰或误食其汁液，就会引起咽部和口腔的不适，严重的还会引起窒息，导致心脏停搏。另外，人的皮肤接触滴水观音的汁液会出现瘙痒，眼睛接触则可引起严重的结膜炎，甚至失明，故幼儿应尽量减不接触滴水观音，即幼儿园中最好不要种植。

（5）水仙花：人体一旦接触到水仙花的汁液，可导致皮肤红肿；如果这种汁液不小心弄到眼睛里，那么后果更为严重。水仙花鳞茎内含有拉丁可毒素，误食后会引起呕吐。

单元六　饲养活动

学习目标

1. 知识目标

掌握饲养活动的概念，能够对饲养活动进行分类；理解饲养活动在幼儿科学教育中的地位和作用；掌握幼儿园饲养活动的设计与组织指导的规律。

2. 能力目标

能够根据幼儿的年龄特点，为幼儿选择合适的饲养活动，初步具备设计幼儿园饲养活动的能力；基本掌握幼儿饲养活动的组织与指导能力。

3. 情感目标

培养学生对于幼儿园饲养活动的兴趣，能够在饲养活动中培养幼儿对于生命的敬畏，培养幼儿尊重生命、爱护动物、保护生态的意识。

情境创设

情境一：

张老师在"多彩的春天"主题活动（图6-1）中增设了种植活动之后，感觉仍然有所欠缺，因为植物生长缓慢，与幼儿难以形成互动。为了更好地激发幼儿们的学习兴趣，她又设计了一个延伸活动——饲养小蝌蚪。她从郊外的小池塘里捉了几只小蝌蚪，养在塑料盆里，又在盆里放入几颗小石子，然后将其放在"自然角"里，从此幼儿们又多了一个乐趣，围着塑料盆观看甚至玩弄小蝌蚪。张老师查了资料，学习了养蝌蚪的知识，告诉幼儿该怎么做，不该怎么做，然后带着他们一起仔细观察小蝌蚪的外形是什么样子、是什么颜色的，它有没有眼睛、嘴巴，

它游泳的动作是怎样的。有的幼儿带了面包、饼干给它们吃，还有的幼儿带来了馒头、饭粒、菜叶、鸡蛋等，那么蝌蚪到底吃什么呢？张老师向幼儿讲解了科学的喂养方法，还和幼儿一起给蝌蚪喂食、换水，观察并记录它们的变化。不久，小蝌蚪慢慢长出后腿，又长出前腿，然后尾巴逐渐变短，颜色也在慢慢变化。看着黑色的小蝌蚪逐渐长成绿色的小青蛙，幼儿们心里别提多高兴了。

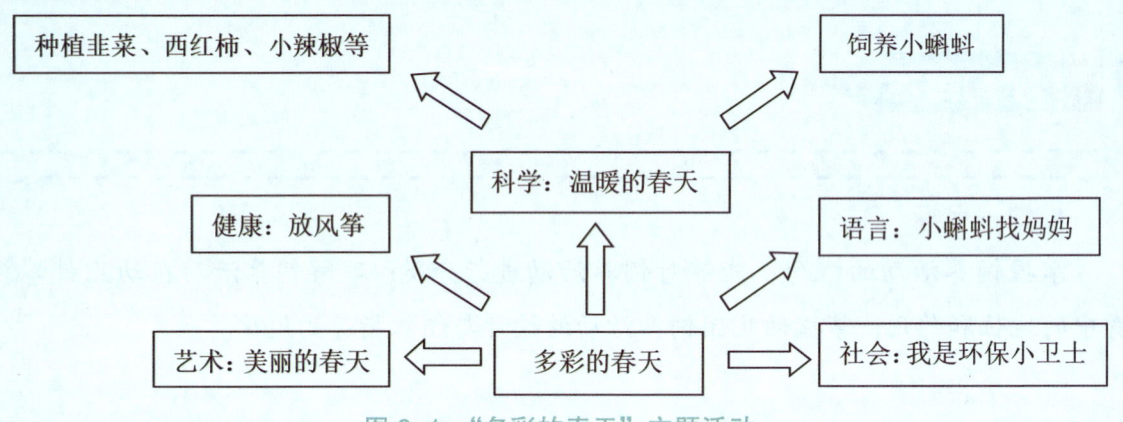

```
种植韭菜、西红柿、小辣椒等              饲养小蝌蚪
                    ↖          ↗
                   科学：温暖的春天
         健康：放风筝      ↑        语言：小蝌蚪找妈妈
                    ↖    ↑    ↗
         艺术：美丽的春天 ← 多彩的春天 → 社会：我是环保小卫士
```

图 6-1 "多彩的春天"主题活动

情境二：

以下是蒙台梭利关于饲养活动的一段记述。

"在米兰的'儿童之家'中养了一些动物，其中有一对美国小白鸡，它们住在一个小巧玲珑的像中国宝塔模样的鸡舍里。鸡舍前用篱笆围出一小片供小鸡游戏的空地。每晚孩子们轮流负责给鸡舍上锁，他们每天早晨高高兴兴地跑去开锁，送水、送干草，白天细心地照料着小鸡，晚上看小鸡确实什么也不需要了才上锁。教师告诉我，在所有的教育练习中，这个最受欢迎，看起来也最重要。经常出现这种现象，当孩子们安静地完成自己的任务，各自从事自己喜欢的工作时，其中的一个、两个或三个，悄悄地站起来，出去瞥一眼饲养的动物，看它们是否需要什么。经常有这样的事情，一个孩子很长时间不在教室里，最后教师惊奇地发现，原来他在喷水池旁看着水中游来游去的鱼入了迷。

一天，我收到了米兰一位教师的信，她以极大的热情告诉我一个好消息：小鸡仔孵出来了。对于孩子们，这简直是一个盛大的节日。他们觉得自己好像就是这些小东西的父母。没有任何人为的奖赏能激起这样真诚的情感。"

单元六 饲养活动

> 以上两段材料讲述的都是幼儿的饲养活动，那么，什么是幼儿园饲养活动呢？幼儿园饲养活动有哪些特点和规律？在幼儿园的环境中，应该饲养哪些动物？怎样利用饲养活动对幼儿进行教育呢？

基本知识

一、饲养活动概述

（一）饲养活动的概念

饲养活动是指在教师的指导下，幼儿利用幼儿园户外环境和班级自然角进行一些常见动物的饲养与管理，在饲养的过程中，培养幼儿的耐心与爱心，增进幼儿对动物的了解，进而引导幼儿感受生命、了解生命、珍惜生命的活动。饲养活动是深受幼儿喜爱的实践操作活动。

在饲养过程中，仔细观察、亲自参与动物的饲养与管理，不仅能帮助幼儿获得相关动物的知识，还可以锻炼幼儿的动手操作能力和管理能力，培养幼儿对动物的爱心，建立幼儿与动物之间的情感，感受生命的意义，增强环保意识，这是在传统教学中无法领略到的深刻体验。并且，幼儿对饲养小动物有很高的积极性。所以，幼儿园要尽可能地给幼儿提供机会，让他们进行一些力所能及的饲养活动。

（二）饲养活动的特点

首先，幼儿园的饲养活动不同于畜牧业的饲养，后者是一种生产活动，是为了获得经济效益，前者则是一种教育活动，是通过饲养动物，幼儿能从中学习相关知识并提高自己的能力，从而使身体、品德、情感等各方面都得到发展。

其次，幼儿园饲养活动作为一种科学教育活动，又不同于其他科学教育活动。具体体现在以下三个方面。

（1）动物的成长是一个缓慢的过程，因而饲养活动具有延续性和持久性，在饲养过程中可以培养幼儿细心、耐心和恒心等品质。

（2）饲养活动的对象是有生命的物体，这可以培养幼儿对生命的尊重与敬畏、对动物的爱心，以及环境保护的意识。

（3）饲养活动不同于种植活动，动物是有能动性的，能够与幼儿产生互动，甚至可以形成相互之间的情感关系，这样可大大增加幼儿的兴趣，但同时也增加了活动的复杂性与不可预知性。

（三）饲养活动的意义

（1）饲养活动可以培养幼儿的观察能力，并丰富幼儿的知识。通过饲养活动，幼儿可以长时间、近距离地观察小动物，这不仅提高了他们的观察能力，同时还学习了动物的名称、类型、习性、生长规律等方面的知识。比如通过对猫的观察，初期幼儿能发现猫的瞳孔在白天和夜晚是不一样的，随着幼儿知识的丰富、能力的增强，幼儿会认识到猫的瞳孔的作用及变化规律，并进一步地理解猫为什么可以在夜间活动。

（2）饲养活动可以培养幼儿持之以恒的意志品质和行为习惯。一般而言，饲养动物要持续较长的时间，幼儿要长期坚持观察，并做好记录，这对幼儿提出了较高的要求。部分幼儿在饲养初期只是出于好奇而很积极，但是随着时间的推移，幼儿的兴趣就会转移，到这一阶段，教师要引导幼儿坚持下去，按科学规则喂食并爱护小动物，培养幼儿持之以恒的意志品质和行为习惯。

（3）饲养活动可以强化幼儿尊重生命、爱护动物、保护环境的意识。动物是鲜活的生命，它们在幼儿的照顾下成长，可以与幼儿互动，幼儿也会对它们产生感情，这可培养幼儿对动物的爱心，体会生命的意义。

二、饲养活动的设计

（一）选择合适的饲养对象

幼儿园选择饲养动物的时候要考虑到幼儿园的实际和幼儿特点，结合不同年龄阶段幼儿的兴趣和需要。一般选择常见的小动物，并且要具备外形小巧、性情温顺、漂亮可爱、易于饲养的特点，不能选择性情暴躁、容易对幼儿造成伤害的动物。

幼儿园动物的饲养同样有两个区域，一个是班级的生物角，这里饲养的动物一般都是在特定环境中生存的小动物，比如金鱼、小蝌蚪、小乌龟等，还有仓鼠、蜗牛、小鸟等小动物。另一个是幼儿园户外的饲养区，一般都建有专门的笼舍，饲养一些常见的小动物，比如小白兔、小鸡、小鸭等。

（二）设计合理的主题活动

饲养活动是一个长期持续的过程，每天都需要进行管理和照顾，多数情况下是少数人在短时间内即能完成的。但在这个过程中，也可以设计一些适合集体教育的专题活动。

1. 观察活动

在饲养活动中，要抓住时机对一些动物的关键特征或生长发育的关键时期进行观察，可以设计专门的集体观察认识活动，也可以指导小组或个人进行观察。

比如，在饲养小蝌蚪的过程中（图6-2），要在蝌蚪外形发生变化的时期引导幼儿注意

观察蝌蚪是如何生长的，注意观察其先长出后腿，再长出前腿，尾巴渐渐萎缩，直至变成青蛙的规律。

图 6-2 观察小蝌蚪

有时，一个持续性的观察活动往往由一系列的专题观察活动组成，在这种情况下，不仅要认真组织好每一次观察活动，还要把系列观察活动贯穿起来，一般需要做记录，便于幼儿形成完整的认识。

以养蚕为例，蚕属于完全变态昆虫，在一个世代中，要经过卵、幼虫、蛹、蛾四个形态完全不同的发育阶段，如图 6-3 所示。在正常的饲育、保护条件下，蚕从蚕卵到成虫，需要 40~60 天。组织这样的饲养活动，教师一定要带领幼儿认真做好记录。具体活动过程如下。

第一阶段，观察蚕卵。蚕卵看上去很像细粒芝麻，宽约 1 毫米，厚约 0.5 毫米。

第二阶段，观察蚁蚕。蚕从蚕卵中孵化出来时，身体颜色是褐色或赤褐色的，极细小，且多细毛，样子有点像蚂蚁。

第三阶段，观察蚕宝宝。蚕宝宝食量极大，因此长得很快，体色也逐渐变淡。从蚁蚕到吐丝结茧共蜕皮 4 次，蚕宝宝变成了熟蚕。

第四阶段，观察蚕茧。把蜕过 4 次皮的熟蚕放在特制的容器中或蔟器上，蚕便吐丝结茧了。

第五阶段，观察蚕蛹。蚕上蔟结茧后经过 4 天左右，就会变成蛹。蚕蛹的体形像一个纺锤，分头、胸、腹 3 个体段。

第六阶段，观察蚕蛾。蚕蛾的形状像蝴蝶，全身披着白色鳞毛。

图 6-3 蚕的发育过程

在养蚕活动中，教师要引导幼儿注意观察每个阶段中蚕的特点，并对关键过程用图表的形式做好记录。这个活动不仅让幼儿对蚕的成长变化有了科学系统的认识，还培养了幼儿的爱心、细心、耐心、恒心等良好的个性品质。

2. 实验活动

幼儿对小动物总是充满了好奇，他们心中常常会有无数个问题："小花猫为什么会长胡子？""小白兔最爱吃什么？"等。这些问题的提出，表明幼儿的观察能力提高了。为解决幼儿们的疑问，教师可以组织相应的实验活动来验证他们提出的问题。例如，一次户外活动时，幼儿去看小白兔，开始讨论有关小白兔吃什么的问题。有的说："小白兔喜欢吃青菜和胡萝卜，我在动物园里就看到饲养员是用青菜和胡萝卜喂小白兔的。"有的说："我在动画片里看到小白兔喜欢吃蘑菇。"有的说："我在乡下奶奶家看到小白兔喜欢吃青草。"还有的说："小白兔喜欢吃饼干和面包，刚才我就是用饼干和面包喂它的。"幼儿摆出自己的观点，争论不休。在这种情况下，教师组织一个关于小白兔的实验活动（图6-4），让幼儿通过实验得出结论。具体实验操作步骤是，教师先让幼儿想一想，认为小白兔爱吃什么，然后把幼儿说的食物都准备好，有胡萝卜、青菜、饼干、青草、蘑菇、橘子、苹果、香蕉、巧克力、果冻等，分别放在不同的盘子里，看小白兔把哪些食物吃完了，就可以知道小白兔爱吃哪些食物了，之后教师和幼儿一起观察，只见小白兔把胡萝卜、青菜、青草、蘑菇、苹果、香蕉都吃完了，也吃了一点饼干，而橘子、巧克力、果冻碰都不碰。"知道啦！知道啦！小白兔喜欢吃胡萝卜、青菜、青草、蘑菇、苹果和香蕉，也喜欢吃饼干，但不喜欢吃橘子、巧克力和果冻。"幼儿为自己的发现而欢欣鼓舞。这样的实验活动让幼儿可以亲自操作、探究和发现，不仅增长了知识，还提高了探究能力。

图6-4 关于小白兔的实验活动

三、饲养活动的组织指导

1. 饲养前的准备工作

确定了要饲养的动物后，就要给它们准备一个舒适的家。如果是小白兔、小鸡等，就要在饲养区为它们搭建一个窝；如果是小蝌蚪、小乌龟等，就要把它们养在教室生物角的鱼缸里。

2. 认真照顾，精心饲养

小动物们在幼儿园里安了家，需要精心照顾，这项工作主要由幼儿承担。在教师的帮助下，幼儿学习按动物的生活习性喂养，喂食要定时定量，还要做好清洁工作。总之，饲养小动物时，要让幼儿做到有耐心、持之以恒、有始有终。

3. 认真观察，做好记录

在对小动物精心照顾的同时，要求幼儿观察动物的外形特点、生活习性，并在教师的帮助下做好科学记录，从而形成对该动物的科学认知。

总之，在幼儿园开展丰富多样的饲养活动，给幼儿提供饲养动物的环境，指导幼儿进行饲养活动，可以使幼儿亲近大自然，在与花鸟鱼虫的接触中获得快乐，获得有益身心发展的经验。

案例评析

案例：中班科学活动——可爱的小白兔

一、活动目标

（1）知识目标：引导幼儿观察小白兔，了解小白兔的主要特征和生活习性。

（2）能力目标：培养幼儿的观察能力，学会按照外形特征、动作特征、生活习性、生活环境的顺序进行观察。

（3）情感目标：培养幼儿对小白兔的喜爱和热爱生命的美好情感。

二、活动准备

（1）小白兔一只，小白兔毛绒玩具若干，胡萝卜、白菜、青菜等小白兔爱吃的食物若干。

（2）《小白兔》儿歌的 Flash。

三、活动过程

（1）播放 Flash 儿歌《小白兔》，引起幼儿对小白兔的兴趣，导入本次课的教学主题——小白兔。

（2）教师把小白兔带进活动室，再次吸引幼儿兴趣，引导幼儿逐步观察小白兔。

（3）观察小白兔的外形特征。视觉上：小白兔长着长长的、白色的毛，眼睛是红色的，耳朵很长，尾巴很短，有四条腿，前腿短、后腿长；触觉上：小白兔毛茸茸的，身上很温暖；听觉上：小白兔很安静，走路时几乎没有什么声音。

（4）观察小白兔的动作特征。小白兔走起路来是一蹦一跳，长长的耳朵还会竖起来，显得很警觉。

（5）观察小白兔的生活习性。教师把提前准备好的胡萝卜、白菜、小青菜拿出来，让幼儿给小白兔喂食，观察小白兔最喜欢吃的食物是什么，同时观察小白兔是怎么吃东西的。注意食物要合理搭配，同一种食物不要喂食过多，注意节约。

（6）观察小白兔的生活环境。带领幼儿到幼儿园户外养殖区，观察小白兔的家，有草地、有小房子，小房子里面铺有干草。

（7）活动结束。教师及时对活动进行总结，帮助幼儿梳理观察过程，巩固幼儿获得的新知识；同时强调小白兔很可爱，幼儿要精心照顾小白兔，强化幼儿对小动物的喜爱之情。

评析：

本次活动是幼儿园典型的饲养活动。在活动中，教师设计了多个教学环节，形式多样，非常符合中班幼儿的认知特点，通过多种感官的刺激强化，加深幼儿对小白兔的认识，掌握相关的饲养技能。

开始用小白兔的Flash儿歌来引出新课，形式活泼，能够很好地吸引幼儿的注意力，为本次课的顺利进行打下良好的基础。在随后的各个活动环节中，调动幼儿运用多种感官，按照"外形特征、动作特征、生活习性、生活环境"的顺序进行观察，从而获得了最直观的体验。

整个教学过程动静结合。静态的是幼儿在活动室里观察小白兔的外部特征，动态的是到户外养殖区里观察小白兔活动的情况，让幼儿劳逸结合，这符合中班幼儿健康和认知要求。教学过程中有一个特别精彩的环节，就是喂食小白兔。通过这一环节，幼儿参与活动的积极性得到空前提高，在喂养过程中培养了幼儿的责任感。

在户外活动的过程中，幼儿和教师一起整理小白兔的家，是一个既动脑又动手的环节。不仅让幼儿在饲养、照顾动物的过程中学习了基本的劳动技能，还有利于培养幼儿热爱劳动的情感，有利于幼儿身心健康的发展。

活动的不足之处是，在活动的准备环节中，教师准备了一些小白兔毛绒玩具，但在教学过程中并没有使用，属于设计缺陷，可以去掉。

知识巩固

1. 名词解释

饲养活动

单元六 饲养活动

2.简答

（1）饲养活动的意义是什么？

（2）饲养活动有哪些类型？

（3）在饲养活动中，教师应该怎样指导幼儿？

（4）如何为幼儿选择合适的饲养对象？

实践训练

1.设计训练

请以饲养蜗牛为主题，设计一个中班饲养活动。

2.评析训练

下面是一个饲养活动案例，请根据本单元所学内容予以评析。

中班科学活动：有趣的小动物

设计思路：

幼儿园自然角的小动物越来越多了，除原有的小白兔、小猫、小狗外，还增加了几只小鸡和小鸭，户外活动的时候，小动物的栅栏外总是围着很多幼儿，他们看着这些小动物，议论纷纷。

"小白兔的耳朵为什么那么长啊？"

"为什么小狗的舌头总是伸在外面，它不累吗？"

幼儿提出了很多疑问，为了解决大家的问题，老师给中班的幼儿设计了一节课，题目叫作《有趣的小动物》。

活动目标：

（1）知识目标：听懂故事《谁跟小羚羊去避暑》。

（2）能力目标：学会讲述故事《谁跟小羚羊去避暑》。

（3）情感目标：培养幼儿养成热爱小动物的习惯。

活动准备：

（1）小羚羊、小红马、小黄鸡、小灰兔、小黄狗、小松鼠的头饰各一个。

（2）《谁跟小羚羊去避暑》课件。

活动过程：

（1）听故事《谁跟小羚羊去避暑》，了解故事所讲述的内容。

（2）表演故事。幼儿用教师准备的头饰，分角色扮演，表演童话剧《谁跟小羚羊去避暑》。

（3）活动总结。这个故事告诉幼儿什么道理。

【拓展阅读】

饲养实例

1. 饲养蝌蚪

饲养蝌蚪一般是在春暖花开时,把蝌蚪养在玻璃瓶里,宜放在向阳面,但不要让太阳直射。用水藻、碎菜叶、煮熟的蛋黄等喂养,每次不要喂得太多,每隔几天换一次水。玻璃瓶内可放一些水草,要及时清理食物残渣,防止水被污染而变得混浊,影响蝌蚪生存。如图6-5所示,当小蝌蚪的四条腿都长出来了,尾巴也即将消失,就可将其放入小水桶中,水中放一些能够露出水面的石头,以便蝌蚪发育成幼蛙后及时适应两栖,否则小青蛙会被淹死。整个饲养的过程应该是在教师的指导下,由幼儿自己管理,在管理中注意观察和了解从蝌蚪到青蛙的变态过程,长成青蛙后,青蛙作为两栖动物的特点也显现出来,这也是幼儿学习的关键点之一,可把青蛙和鱼进行比较,认识两栖现象,另外,青蛙逐渐长大后,教师应带领幼儿将青蛙送回池塘,让幼儿形成保护青蛙的意识。

图 6-5 小蝌蚪长出后腿

2. 饲养金鱼

金鱼的饲养起源于中国,我国在12世纪就已开始对金鱼遗传的研究了,经过长时间的培育,品种不断优化,现在世界各国的金鱼都是直接或间接由中国引进的。金鱼身姿奇异,色彩绚丽,形态优美,很受人们的喜爱。另外,金鱼也较易于饲养,管理方便,因此,可以在幼儿园的自然角饲养金鱼,如图6-6所示。

教师应带领幼儿从以下几个方面来进行饲养管理。

喂食:一般喂营养丰富的动物性饲料(水蚤、蚯蚓等)和白芝麻等。喂食的时间,一般是每天上午、下午各一次,不宜多喂,以吃尽为止。

光照：最好把鱼缸放在有阳光照射 1~2 小时的地方，这样利用阳光的紫外线杀菌，起到防病的作用。

换水：要经常换水，从而增加水中的氧气含量。换水时最多换去 1/3，不能一次换去很多，以免金鱼不适应。

放养密度：要根据鱼缸的大小而定，宜少不宜多，让金鱼有足够的自由活动空间。在饲养金鱼的活动中换水的操作及相关知识和科学依据，是较适于幼儿学习的，比如如何通过换水保持水中的氧气、鱼怎样呼吸水中的氧气等问题，都是教师应该适时予以讲解的。

图 6-6　饲养金鱼

3. 饲养乌龟

乌龟属于爬行类杂食动物，鱼、肉、菜、米饭都吃，它生命力强，生长不受季节限制，适合长期饲养，是幼儿园自然角中较为理想的饲养动物。

乌龟是两栖动物，既可以在水中生活，也可以在陆地上生存。饲养乌龟的容器可以是玻璃缸，也可以是其他容器，容器内放浅水，乌龟就养在水里，如图 6-7 所示。如果乌龟一直在深水里，容易由于失去活力而静止不动，所以水量一般要能够淹没龟壳，也可以让其露出脑袋。为了让乌龟健康地成长，水里需要添加一些"陆地"，比如放入一些浮板。幼儿在教师的带领下观察乌龟怎样吃食物，看它是怎样爬行的，引导幼儿去思考"为什么乌龟爬起来慢吞吞的"。另外，在给乌龟喂食时，幼儿会发现它与其他动物不一

图 6-7　饲养乌龟

样，冬天就不吃食了，因为乌龟的食量与温度有关，夏季和秋季是主要进食季节，需要每天或隔天喂一次；10月份食欲开始下降，最后不吃不喝，开始冬眠；而次年5月又开始吃少量食物。通过饲养乌龟可以让幼儿了解动物的冬眠习性与特点。另外，乌龟作为两栖动物可与青蛙进行比较学习，研究一下同为两栖动物的它们有何异同。

4. 饲养蜗牛

蜗牛喜欢在阴暗潮湿、疏松多腐殖的环境中生活，它们昼伏夜出，畏光怕热，最怕阳光直射。蜗牛对环境极为敏感，当湿度、温度不适宜时，会将身体缩回壳中并分泌出黏液形成保护膜，封住壳口，以应对不良环境的干扰。当环境适宜后，便会自动溶解保护膜，重新开始活动。蜗牛天生憨态可掬，尤其是它缓慢的运动速度，以"天然呆萌"的特点备受人们的喜爱，成为人们的新型宠物。幼儿对蜗牛也很感兴趣，可以在生物角饲养几只小蜗牛，如图6-8所示。为了便于幼儿观察，建议使用透明的器具，如塑料的、玻璃的。蜗牛的活动范围不大，用普通的玻璃鱼缸亦可饲养。

饲养蜗牛的注意事项如下。

食物：一般喂瓜果菜叶即可，比如卷心菜的叶子，喂食时注意要将菜叶冲洗干净。

湿度：准备养殖的器具时，应在底部铺一层窗户上用的窗纱，然后每天用喷壶加湿，以免蜗牛生病，不要在器皿的底部加水，否则容易滋生细菌，导致蜗牛生病。

光照：蜗牛不喜欢强光，它喜欢温暖、湿润的地方，所以在养殖时也要注意不要让它受到强光的照射。在饲养蜗牛过程中，幼儿学习的重点有包括观察蜗牛的身体特征，通过观察和操作了解蜗牛的生活习性，通过实验了解蜗牛什么时候会缩回壳中等。

图6-8 饲养蜗牛

单元七　计数活动

学习目标

1. 知识目标

掌握计数的含义、理解计数活动的意义；了解幼儿计数能力的发展特点；掌握计数活动的设计要领。

2. 能力目标

能根据幼儿发展水平设计并组织幼儿计数活动。

3. 情感目标

能体会计数活动对幼儿形成数的概念的重要性。

情境创设

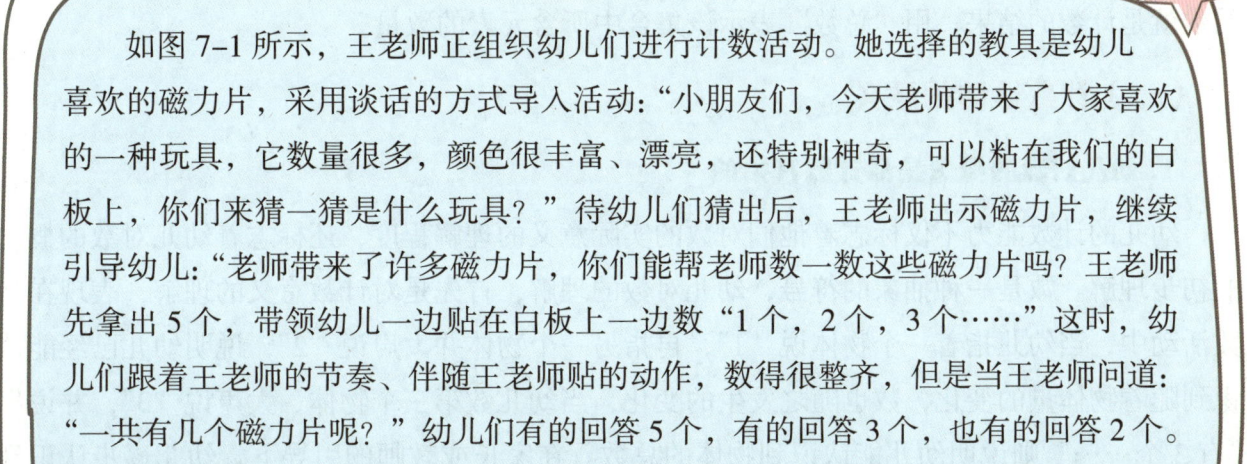

如图7-1所示，王老师正组织幼儿们进行计数活动。她选择的教具是幼儿喜欢的磁力片，采用谈话的方式导入活动："小朋友们，今天老师带来了大家喜欢的一种玩具，它数量很多，颜色很丰富、漂亮，还特别神奇，可以粘在我们的白板上，你们来猜一猜是什么玩具？"待幼儿们猜出后，王老师出示磁力片，继续引导幼儿："老师带来了许多磁力片，你们能帮老师数一数这些磁力片吗？王老师先拿出5个，带领幼儿一边贴在白板上一边数"1个，2个，3个……"这时，幼儿们跟着王老师的节奏、伴随王老师贴的动作，数得很整齐，但是当王老师问道："一共有几个磁力片呢？"幼儿们有的回答5个，有的回答3个，也有的回答2个。为什么会出现这样的现象呢？王老师让幼儿伸出手指再点数一遍。在点数的过程

中，王老师发现幼儿们有的手指着一个磁力片，却点数了5个数，有的是手指着第三个磁力片，数的是2，有的幼儿从左向右数，也有的幼儿是从右向左数。总之，问题很多。接下来，王老师针对幼儿出现的问题展开了教学。

图7-1　计数活动

那么，幼儿在计数活动中为什么会出现这些问题？幼儿的计数能力是如何发展的？教师又该如何设计与组织指导计数活动呢？

基本知识

一、计数活动概述

计数是一种有目的、有手段、有结果的操作活动。计数的过程就是把集合中的元素与自然列中从"1"开始的自然数，按其数序建立起一一对应的关系，数到最后一个元素所对应的数就是计数的结果，用"总数"表示该集合中所含元素的数量。

（一）计数活动的意义

1. 幼儿对数的概念是从计数开始的

幼儿的计数能力不仅标志着他们对数的实际意义的理解程度，还标志着幼儿对数的概念的初步理解。数是一种抽象的符号，幼儿对数的理解，首先是对计数意义的理解，表现在计数活动中，当幼儿指着一个物体说"1"，再指另一个物体并大声说"2"，说明幼儿已经能认识到随着物体量的变化，数也随之发生的变化，当幼儿数第三个物体，大声说"3"，并说出"有3个……"则说明幼儿能认识到物体的总数。在家长或教师的引导下，幼儿逐步认识到3个物体是用数字3来表示的。3还可以用来表示很多事物，如3个苹果、3个橘子、3条小鱼、3辆汽车……如此，完成幼儿对数字3的认识。幼儿通过实践得来的感性经验是建构

高级认知的基础，计数是幼儿形成数概念的前提。

2. 帮助幼儿学会解决生活中的问题

生活是幼儿数学知识的源泉，幼儿的数学知识来源于实际生活。《3~6岁儿童学习与发展指南》中指出，教师要引导幼儿发现问题，生活中许多问题都可以用数学来解决，并体验解决问题的乐趣。幼儿在生活中遇到的是真实、具体的问题，是与他们紧密相关的问题，因此容易被幼儿理解。与此同时，当幼儿真正有意识地用数学方法解决生活中的问题时，他们对数学的应用性也会有更直接的体验，从而真正理解数学和生活的关系。比如自己的小组中有几个小朋友，需要搬来几把凳子，从老师那里领几个小碗、几把勺子，领几个水果，这些活动都需要幼儿数清数目，因此，可以说，计数是幼儿运用数学解决生活中的问题的重要途径。

3. 促进幼儿逻辑思维能力的发展

皮亚杰认为，数不是存在于事物外部物质世界中，而是在大脑中建立起数的抽象。当幼儿能手口一致地点数物体，说明幼儿已经将抽象的数字和物体的相应数量建立了对应联系；当幼儿能说出总数来表示集合中的物体，说明幼儿已经理解了总数包含集合中的所有物体。如4包含了4个1，同时，每一个数都被它后面的数所包含。这种包含关系也为幼儿进行加减运算打下了基础。4个物体又可分成一个一个的物体，一个一个合起来就成了4个，从而理解集合与元素的包含关系。

计数过程中，幼儿感知到1个再加上1个是2个，2个再加上1个是3个……从而会初步理解相邻数的关系并为后面数的运算作铺垫。

可以说，幼儿时期的数学活动实际是一种准备性的学习，是幼儿初步建立数概念、形成逻辑思维的循序渐进的过程。

（二）幼儿计数能力的发展特点

1. 口头数数

口头数数也称唱数。幼儿口头数数的能力发展较早较快，两岁左右的幼儿，在成年人的教育下，逐步学会几个数词，如"1""2"等，但并不能准确地表示实物的数量；3~4岁幼儿多数能从1数到10，但大多是像念儿歌、说顺口溜一般，不是建立在对数词理解的基础上，而是模仿、机械记忆自然数的名称，但这种活动，对幼儿掌握自然数的顺序还是有积极意义的；4~5岁幼儿多数能数到20；5~6岁幼儿的口头数数的能力有了较大提高，一些幼儿已经能数到100，并能从10倒数到1。

概括来说，此阶段幼儿口头数数表现出如下特点。

（1）往往从"1"开始，一般不能从中间的某一个数开始。

（2）数数过程中，一旦中断就很难再继续下去。

（3）还不能完全按自然数的数序进行，经常会出现遗漏数字或重复数字的现象。

2. 按物点数

按物点数是指用手逐一指点物体，同时有顺序地说出数词，使说出的数词与手点的物体一一对应的动作。幼儿按物点数的能力比口头数数的能力发展得要晚一些，幼儿只有做到手、眼、口、脑协同活动，才能实现手口一致。因此，其难度也超过口头数数。

3~4岁幼儿按物点数时，仍以模仿成人为主，由于不理解数词的实际含义，不知道点数时要从数字"1"开始，并与实物建立一一对应的关系，特别是点数5以上数量的物体时，往往手口不一致，不是手点得快、口说得慢，就是口说得快、手点得慢，经常出现漏数或重数。

4岁以上的幼儿点数时不对应的情况明显减少，5岁多的幼儿大多数按物点数的数目与口头数数的数目范围基本趋于一致。6岁以后基本上都具有按物点数20以内数的能力。

3. 说出总数

说出总数是计数过程的完结，幼儿会说出总数才能称之为学会了计数。这需要在掌握正确点数的基础上理解数到最后一个实物时，它所对应的数词就代表这一组实物的总数。

4岁以前的幼儿能做到手口一致地按物点数，不一定能说出总数。在幼儿点数物体后，如果家长或教师问："一共有几个？"有些幼儿往往不会正确回答，如妞妞在3岁时，就可以很自豪地从1数到10。一次，妈妈让她数一数水果盘中有几个苹果，她伸出手指边点边数着：1、2、3、4、5，数完后却告诉妈妈："有4个！"妈妈要求妞妞再数一遍，妞妞依旧点数得很正确，但却回答："有3个！"可见，妞妞是随便给出了一个数词。还有一些幼儿固定用自己印象深刻的一个数来回答（如对"4"印象最深，不管数到几都会回答"4个"）。也有的再重数一遍，或者说下一个数，或者干脆回答"不知道"或不作声。由于幼儿的理解能力和概括能力较差，需要较长时间的反复实践才能逐步掌握。

4岁以后的幼儿，大多数能说出数量在10以内的物体的总数，而且能按指定的数（10以内）取物。

4. 按数取物

按数取物是对数概念的实际运用。按数取物首先要求幼儿记住所要求取物的数目，然后按数目取出相应的实物。3~4岁的幼儿一般只能按数取出5个以内的实物，按物点数的数目则比说出总数和按数取物的数目多。5~6岁的幼儿不仅计数的范围逐步扩大，计数的准确性也逐步提高，基本上能够按指定的数正确取出实物。

4~5岁的幼儿，多数能手口一致地按物点数到10，会正确地说出总数。但判断物体的数量时，往往受到物体大小或排列形式等的干扰。

5岁以后的幼儿，多数能基本上掌握10以内的数守恒，能初步理解物体的数目和物体的颜色、形状、大小及摆放形式没有关系。如图7-2所示的5个物体，无论它们的摆放位置、形式如何变化，总数仍是"5"，不会发生变化。

单元七　计数活动

> **小贴士：数的守恒**
>
> 　　数的守恒是指一组物体的数目不因其体积、大小、排列形式等的改变而变化。皮亚杰认为数的守恒本身并不是数的概念，而是一个逻辑的概念。掌握数的守恒，要求思维具有一定抽象成分，要排除外部因素的干扰，只考虑数目的多少。由于幼儿的思维的具体形象性，认识事物易受外部特征的影响，所以掌握数守恒有一定的困难。但是幼儿必须掌握数的守恒，才能发展数的概念。因此，理解和掌握数的守恒是发展幼儿数的概念必不可少的一个组成部分。

图 7-2　数的守恒

二、各年龄班级计数活动的教学目标

2001 年 7 月教育部颁布的《幼儿园教育指导纲要（试行）》中规定幼儿园数学教育的总目标是：能从生活和游戏中感受事物的数量关系并体验到数学的重要和有趣。

根据幼儿数学教育的总目标及幼儿的年龄特点，各年龄段幼儿计数活动应达到的教学目标见以下内容。

1. 小班

（1）能手口一致地点数 5 个以内的物体，并能说出总数。能按照要求取出 5 以内的数量的物体。

（2）体验和发现生活中很多地方都用到数。能用数词描述事物或动作，如我有 4 辆车。

2. 中班

（1）能手口一致正确点数 10 以内的物体，并说出总数。

（2）理解 10 以内相邻两数之间多 1 和少 1 的关系。

（3）认识 10 以内数的守恒，能通过数数比较两组物体的多少。

（4）认识 10 以内的序数，会用数词描述物体的排列顺序。

3. 大班

能手口一致地接着数、倒着数、按群数数。

教师在制定具体的活动目标时，要根据数学教育的总目标与幼儿的发展特点，以及各年

93

龄段幼儿应达到的教育要求，选择合适的内容制定合理的目标，从而真正有效地促进幼儿的发展。

三、计数活动的设计与组织

计数，也就是数数。幼儿的计数活动实施的途径主要包括专门的教育活动和渗透的教育活动。

（一）专门的计数教学活动的设计与组织

专门的计数活动是一种有目的、有计划、有组织的活动。它是由教师设计并组织，以集体教学的形式开展，以计数为主要内容的活动。根据幼儿计数能力的发展特点，设计和组织计数活动的一般思路包括四部分。

1. 幼儿的计数活动从按物点数开始

按物点数是幼儿计数活动的基本方式，这使幼儿将数词与物体数量之间建立联系。能够手口一致地点数物体并说出总数是小班幼儿计数活动的重点和难点。在小班幼儿刚接触计数活动时，教师可利用讲解演示法教幼儿点数。点数过程如图7-3所示，具体操作为：先将物体排成一横排，然后教师用右手食指，从左边向右一一点数（图7-4），并说出对应数词："1个""2个""3个"……，在点数到最后一个物体时，用手指将所有点数过的物体画一个圈，并高声说"一共是 × 个"，以突出强调这个数是代表这个集体的总数。

图7-3 点数过程

中班幼儿计数的物体可从4个增至10个。待幼儿较熟练地掌握了按物点数的方法后，可进一步要求幼儿不用手而只用眼睛点数物体的个数。幼儿用眼睛观察代替手点数，开始会感到困难，教师可引导幼儿先用点头动作辅助点数。幼儿从用手点数物体逐步过渡到只用眼睛点数物体，标志着幼儿计数能力的逐步提高。

为了培养幼儿点数的兴趣，教师可让中班幼儿点数不同颜色、不同大小、不同形状的物体，进一步体会"一个数可以用来表示各种物体"。同时，点数的形式也可以变换。例如，先让幼儿把桌子上的积木排成一行，一块一块地点数；也可以让幼儿从计数棒中抽出几根，

摆成一排点数；还可以让幼儿数图片上所画物体的数量等。

图 7-4 ——点数

大班可以进一步教幼儿学会默数（或心数），即数数时不再出声说出数词，而是在心里默默地数出来。当幼儿能默数时，他们的数词概念已经基本形成。

教师在组织大班幼儿点数时，物体的排列方式可由横排拓展到多种形式，如圆形排列，让幼儿点数项链、手链上的珠子；聚合形排列，如点数盘中的水果、一束花的花朵等；分散形排列，如点数活动室里的椅子、分布在活动室各区的小朋友等，以此加大点数的难度，提高大班幼儿点数的能力。

2. 运用多种感官强化幼儿计数

运用多种感官主要指运用听觉、触觉、运动觉来感知物体的数量，加深对数实际含义的理解。运用听觉感知物体数量是让幼儿边听声响（如拍手、击铃、敲鼓等）边数数。由于小班幼儿有意注意和记住声响次数的能力较弱，可让幼儿边听声响边大声数出数词。比如教师拍一下手，幼儿大声数 1；再拍一下手，幼儿大声数 2……最后说出总数。需要注意的是运用听觉计数，连续进行的次数不宜过多，以免引起疲劳而分散幼儿的注意力，影响效果。

运用触觉感知物体的数量是让幼儿在不用眼睛看的情况下，用手触摸物体，以确定物体的数量。教师可以把珠子、扣子、玻璃球等体积较小，便于幼儿能用手抓握住的物体，取一定数量装进小布袋、纸盒、宽口瓶等容器中，让幼儿在不用眼睛看的情况下，用手抓握一定数量的物体或用手触摸物体以判断出正确的数量。

运用运动觉感知数量是让幼儿用自己的动作次数表示数量。由于幼儿好动、容易兴奋，活动起来往往难以控制自己的运动次数。比如让幼儿学小白兔跳三下，幼儿会跳四五下，甚至跳个不停。因此，在初学时，可以让教师先做出示范，或者教师带领幼儿一起活动。比如教师跳一下，幼儿也跟着跳一下，逐步达到让幼儿按要求做出相应的运动次数。

根据幼儿的水平，教师也可以设计一些运用多种感官的活动来感知物体的数量。例如"看看拍拍"，可以让幼儿随机抽取点卡，再按点卡上的数量，用拍手的方式拍出相应次数的声响；又如"听听摸摸"，教师将一定数量的珠子装进布袋里，要求幼儿按听到的声响次数

从布袋里摸出相应数量的珠子等。这样多层次地进行计数活动，可以有效地促进幼儿各种感官的协调活动，加深幼儿对数的理解。

3. 教幼儿按数取（找）物

按数取（找）物是指让幼儿根据数词找出相应数量的物体，反过来，也可以让幼儿根据物体的数量找出相应的数词。中班幼儿进行按数取（找）物活动如图7-5所示。例如，教师让幼儿点数总数是3的物体之后，再让幼儿找一找在材料中还有哪些物体的总数也是3个，或者活动室里有哪些总数是3个的物体。这种活动，教师在设计时也应调动幼儿多种感官参与，比如教师引导幼儿"请你转3圈""请你拿出3个苹果"等。能否迅速地、正确地进行这种活动，是衡量幼儿对数的实际含义理解与应用的一个重要标志。通过按数取（找）物，促使幼儿学会迅速、准确地运用数词确定物体的数量，培养从逐一点数到按群计数的能力。

图7-5 中班幼儿进行按数取（找）物活动

4. 按群计数

按群计数是指计数时不以单个物体为单位，而是以群体（物体群）为单位。这种计数方式不再依赖一一点数，而是以数群为单位，如两个两个数，五个五个数等。一般在5岁以后，幼儿逐渐具备了按群计数的能力，大班幼儿进行按群计数活动如图7-6所示。

幼儿学习按群计数需要建立在能够熟练逐一点数的基础上。学习按群计数，可以拓展幼儿用多种方法清点集合中的个数的经验，提高计数能力，为幼儿学习数的组成和加减运

算打下基础。

初学时，教师可选择与逐一计数最接近的"两个一数"开始，为幼儿准备计数材料，可以从幼儿熟悉的、生活中经常成对出现的物品入手，如筷子、鞋、袜子、手套等的图片，便于幼儿理解和操作。待幼儿学会"两个一数"之后，再逐渐加大难度，如呈现6块形状相同、颜色两两相同的积木，让幼儿思考快速数数的方法，逐步学会按群数数。让幼儿达到按群计数的要求是有难度的，教师在组织幼儿按群计数活动时，要注意根据幼儿的个体差异提出不同的要求。

图 7-6　大班幼儿进行按群计数活动

（二）渗透的计数教育活动的设计与组织

1. 其他领域活动中计数活动的渗透

除了专门组织的数学教育中的计数活动，还可以在其他领域中渗透有关计数的内容。比如在健康领域中，教师组织幼儿分组进行体育游戏时，需要幼儿按要求组成相应的小组，并且数清每个小组的人数。在语言领域中，很多文学作品中都渗透着计数教育的内容，如唐诗"一去二三里，烟村四五家，亭台六七座，八九十枝花"；在绘本《陷阱》中小猴子先后吃了1个苹果、2个梨、3个桃子、4个玉米，作品中包含的数量，也可以让幼儿自己数一数。音乐活动"五只鸭子"，通过让幼儿数一数鸭妈妈有几个孩子，点数5以内的数，小鸭子出去玩，第一次出去5只、回来4只，第二次出去4只、回来3只……这个活动，可让小班幼儿点数5以内的数，中班幼儿进一步感受5以内数的递减和递增，大班幼儿学习5以内数的组成和分解。各领域中的很多活动都包含着数学教育的内容，包含着计数活动，但这些教育活动还需要教师具体分析、努力挖掘其中所涵盖的数学教育内容，之后设计相应的计数活动。

2. 日常生活中计数教育的渗透

生活是幼儿获取数学知识的源泉。在幼儿的日常生活里，到处充满数学。教师可以在日常生活的各环节中渗透计数活动的教学。比如在早晨入园时，带领幼儿一起点数人数；分发早点时需要多少块蛋糕，需要拿多少个碗和多少个勺子；睡觉时需要多少张小床；还可以让

幼儿数一数自己的手指和衬衫上的纽扣；上楼时的台阶数；排队时可让幼儿数一数男孩有多少、女孩有多少……把教育自然地渗透到幼儿的实际生活中，让幼儿在潜移默化中学会计数。

3. 游戏中计数教育的渗透

陈鹤琴先生指出："孩子的知识是从经验中获得的，而孩子的生活本身就是游戏。小孩生来是好动的，是以游戏为生命的。"可见，游戏是幼儿的生活。教师可将计数活动融入多种游戏中，让幼儿在游戏中学会解决某些简单的问题。例如，智力游戏掷骰子，需要教师准备1个棋盘图，1颗骰子，棋子2~4个，参加游戏的幼儿2~4人。他们轮流掷骰子，每人按骰子上面的数字从起点走，看谁先走到终点。如图7-7所示，在角色扮演游戏"开商店"中，不仅"营业员"与"顾客"之间的买卖：3个棒棒糖、2块香皂、4条毛巾……需要计数，"营业员"的收付款活动也需要计数。此类游戏不仅可以提高幼儿的计数能力，还可以提高幼儿用数学方法解决实际问题的能力。

图7-7 游戏中渗透计数："开商店"

4. 区角活动中计数教育的渗透

区角活动是幼儿一种重要的自主活动形式，教师为幼儿提供丰富的材料，幼儿以小组或个人的形式自主进行观察、探索、操作。教师可根据幼儿的发展水平和数学活动的需要，在活动室进行数学区角的设置，摆放一些可操作的材料或是墙面区角的环境创设。具体设置要根据活动室的空间而定，可以是固定的，也可以是临时摆放的。如图7-8所示，摆放的材料要丰富和生活化，可以摆放与幼儿生活密切相关的各种物品，如生活中常见的小石子、贝壳、布条、小绳子，专门的计数材料如串珠、计数棒、点卡，游戏材料如棋类、插片等，都可以成为幼儿计数活动的材料。另外，区角活动的内容不能一成不变，教师要根据需要适时地进行调整。这些活动内容可以配合专门的教学活动，作为延伸或补充。教师要合理利用各种环境来为幼儿数学教育服务，让幼儿在具备丰富操作经验的基础上发展计数能力及数的概念。

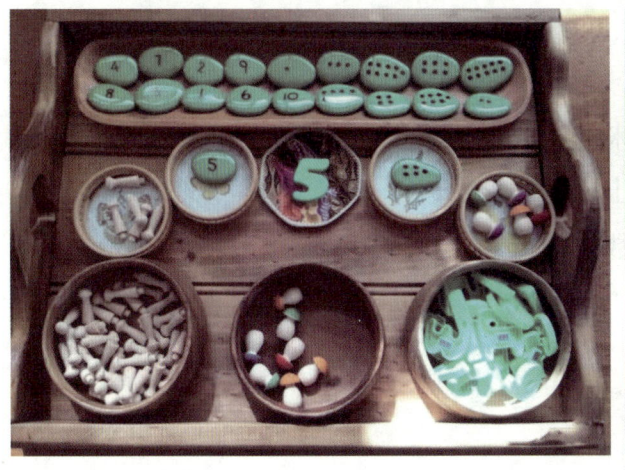

图 7-8 区角活动中计数教育的渗透

案例评析

案例一：小班数学活动——感知 5 以内的数量

一、活动目标

（1）感知 5 以内的数量，学习手口一致地点数并能说出总数。

（2）学习运用多种感官感知 5 以内的数量。

（3）体验数学活动的乐趣。

二、活动准备

（1）动物卡：青蛙、松鼠、熊各 1 张，蛇、乌龟、鸭、鹅、鸡以及它们的蛋 1~5 张。

（2）连线图 1 幅。

三、教学过程

1. 活动导入

出示许多种动物，让幼儿找出哪些是冬眠的动物，数一数有几个；让幼儿再找出哪些动物会生蛋，并数数有几个。

2. 生蛋比赛（感知 5 以内的数量）

（1）这些小动物都会生蛋，今天它们要进行比赛，请幼儿做裁判员，看谁生的蛋最多？（出示贴卡）

蛇	乌龟	鸭	鹅	鸡
1	2	3	4	5

教法：让幼儿点数，并说出总数。

（2）它们只顾自己的比赛，结果呢？它们的蛋找不到了，请小朋友们按它们的要求，帮助它们找蛋好吗（进一步感知 5 以内的数量）？

99

3. 连线练习

四、教师提问

（1）小鸡是从哪儿来的（鸡妈妈孵出来的，或者从鸡蛋壳里来的）？

（2）鸡妈妈生完蛋，孵呀孵，宝宝就出来了。

（3）请幼儿把相同数量的动物和相同数量的蛋连在一起。

例： 5只小鸡　　3个鸭蛋

　　 4只鹅　　　5个鸡蛋

　　 3只小鸭　　4个鹅蛋

五、巩固练习

（1）让幼儿根据老师出示的图点卡，分别找出什么东西有1个、2个、3个、4个、5个。

（2）让幼儿分别学动物叫声：1、2、3、4、5……

（3）让幼儿学动物跳：1下、2下、3下、4下、5下……

六、活动延伸

（1）生活活动：找一找，周围有什么物体的数量是5。

（2）活动区活动：增设数学角的各种材料，包括数量在5以内的点卡、实物和图片。

评析：

《幼儿园教育指导纲要（试行）》中指出，要让幼儿能从生活和游戏中感受事物的数量关系，体验数学的重要和乐趣。基于此要求，本课程为幼儿创设了一个有趣的情境及多种感官练习环节，激发了幼儿对数学活动的兴趣。幼儿喜欢小动物，第一环节让幼儿们找出冬眠和会生蛋的动物，不仅有效地激发了幼儿的活动兴趣、感知了数量关系。同时，还渗透了科学常识教育的内容。第二环节，让幼儿从点数开始，通过找蛋、学动物叫、学动物跳等活动进一步感知5以内的数量，促使幼儿感性地理解"数字"与实物数量之间的对应关系，通过活动延伸，让幼儿理解"数"可以用来表示各种物体，形成抽象概念的"数"。本活动中的设计，让幼儿在看、听、想、做的学习中掌握了点数方法、理解了数量关系。

生活是幼儿获取数学知识的源泉。作为幼儿教师，要根据幼儿的生活实际，善于抓住幼儿一日生活中的数学教育契机，帮助幼儿积累数学经验。同时，在教学中还要把数学教育内容生活化、游戏化，让幼儿在生活中学习，在学习中生活。

案例二：大班数学活动——按群计数

一、活动目标

（1）引导幼儿了解计数有不同方法。

（2）能够以2、5、10为单位进行数群计数。

（3）通过计数，体验操作的乐趣。

二、活动准备

（1）经验准备：幼儿已有逐一计数的感知经验。

（2）教具准备：轻音乐音频、演示板（已摆好20个棋子）、气球图片、不同颜色的圆形卡、操作卡。

三、活动过程

1. 图片导入

（1）出示图片，引导幼儿观察，理解以不同数群单位2和5进行计数。

（2）师：小朋友，图片上有多少个气球？你是怎么数出来的？还有没有别的办法可以数出来？

（3）师：图片上一共有10个气球，有的小朋友说可以2个2个数，那2个2个数是怎么数的？请小朋友说一说，还可以怎么数呢？5个5个是怎么数的？

（4）师小结：2个2个数就是以2个为一组进行数数，5个5个数就是以5个为一组进行数数。

2. 运用演示板操作，练习分别以2、5、10为单位的按群计数

（1）师出示演示板：小朋友，演示板上有多少个棋子你知道吗？想一想可以用什么方法来数一数？

（2）师：请一位小朋友用自己的方法到前面来数一数，还有没有和他不一样的数法？

（3）师：如果10个10个数应该怎么数呢？

（4）师：请小朋友取出自己的圆形卡，选出一种自己喜欢的颜色，听音乐，把它依次摆放在自己的桌子上，音乐停止后，小朋友们就要停止摆放了（幼儿听音乐进行操作）。

（5）师：你选的是什么颜色的圆形卡？有多少个？你是怎么数的？以2个、5个、10个为一组数出来的总数一样吗？数的过程中遇到了什么困难？哪一种方法数得快？

3. 幼儿游戏"抱团"

师：今天我们来玩抱团游戏，老师来说游戏规则。

所有小朋友拉成一个大圆圈，边走边说："找呀找呀找朋友，找到几个好朋友？"教师回答："找到2个好朋友。"听到教师说2个后，小朋友们就要2个2个抱在一起，然后，教师再找一名小朋友来数一数，一共有多少个小朋友（可以2个、5个、10个）。

教师总结：今天我们学习了按一定的数群计数，可以生活中试着分别按2个、5个、10个数一数物体。

4. 活动结束，教师小结

排队数人数玩法：将幼儿按性别排成两队，每队指定一名幼儿数人数，按2个为单位数人数，说出总数。再分别指定幼儿按5个、10个为单位数人数，说出总数。

在生活中，可以让幼儿2个2个数筷子；5个5个数食物；10个10个数器械等。

知识巩固

1. 名词解释

计数　　按群计数　　基数　　序数

2. 简答

（1）幼儿计数能力发展的顺序是什么？

（2）简述计数活动的实施途径。

实践训练

设计训练：为幼儿设计7以内的计数教学活动。

单元八 10以内加减运算活动

学习目标

1. 知识目标

掌握幼儿学习10以内加减运算的心理发展过程。

2. 能力目标

能够设计、组织和指导幼儿进行10以内加减运算活动。

3. 情感目标

深刻领会10以内加减运算与自然及人类的密切关系,增强幼儿数学教育的责任感,强化儿童是学习主体的儿童观。

情境创设

情境一:

李老师组织了一次数学教育活动。在活动中李老师拿出几幅画,指着其中一幅对幼儿们说:"请你们用三句话描述这幅画。"幼儿们还没有张嘴发言,李老师便指着第一幅画说:"树上原来有8只小鸟,后来只剩6只,飞走了几只?请大家跟我说一遍。"幼儿们跟着李老师说了一遍。

李老师继续说:"大家说飞走了几只啊?对,飞走了2只。"

然后李老师指着第二幅画说:"池塘里有8只小鸭,岸上有5只小鸭,那么池塘里的小鸭比岸上的小鸭多几只?请大家跟我说一遍。"

幼儿们又跟读一遍……

情境二：

张老师也组织了一次数学教育活动。在活动开始前，张老师在每位幼儿的胸前贴了一张算式卡，并给每位幼儿发了一个自制方向盘，然后对幼儿们说："今天天气真好，让我们开着汽车一起到数学宫玩玩吧！"幼儿们听着音乐跟随张老师开着"汽车"进入活动室。张老师说道："数学宫到了，让我们把车停到停车场，胸口算式的得数就是你的车位号。"幼儿们根据胸口的算式卡算出得数找到自己的车位号，将"汽车"停好。张老师说："汽车停好了，我们一起进数学宫吧。"

这时，幼儿们听到录音机里传出的声音："欢迎来到数学宫，请闯第一关——对暗号。"

张老师佯装吃惊地说："进数学宫还得闯关啊！让我们看看闯关的要求是什么！"张老师为幼儿大声朗读数学宫闯关要求："老师说一个数，你们对一个数，两数合成小旗上的数。这样就能闯关成功。""准备，嘿！嘿！我说数字2！"幼儿接道："嘿！嘿！我说数字6，2和6合成8。"

这时录音机里的声音再次响起："小朋友，你们真棒！欢迎进入第二关——投掷。"张老师又显出好奇的神情，说道："这一关的要求是什么呢？让我们一起再来看一看：请小朋友算出沙包上的得数，然后站在线上投到相应的数篓里。"

幼儿们分组合作算出沙包上的得数，并站在线上将沙包投到相应的数篓里……

数学宫里所有的任务完成后，张老师把方向盘再次分发给幼儿们，并说道："孩子们，今天你们玩得开心吗？让我们一起带着礼物开着'汽车'回家吧！"

李老师和张老师的教育活动都属于数学教育活动中10以内加减运算活动。那么，她们的教育活动成功吗？应该怎样有效引导幼儿进行10以内加减运算呢？10以内加减运算活动应该怎样设计？教师在具体的教育活动过程中又该怎样组织与指导幼儿呢？

基本知识

一、掌握10以内加减运算的心理基础简述

（一）学习加减运算的发展过程

加减运算能力是数学能力的重要组成部分，是个体深入掌握数学知识系统及解决日常数

学问题的必备能力之一。幼儿学习加减运算的发展过程，主要是从具体到抽象以及从逐一加减到按数群加减的过程。

1. 从具体到抽象

加减运算是对数进行分解组合而实现的一种智力运算，对思维的抽象水平要求较高；而幼儿的思维水平尚处在具体形象阶段，普遍需要依靠具体事物或事物表象进行简单加减运算。心理学研究表明，幼儿加减运算能力的发展一般经历三个阶段：具体水平阶段、表象水平阶段和抽象水平阶段。

（1）具体水平阶段。具体水平也称动作水平。在具体水平阶段，幼儿以实物、图片等直观材料为工具，借助合并、分开等动作进行加减运算，如图8-1和图8-2所示。

图8-1　借助图片的加减运算　　　　图8-2　借助实物的加减运算

（2）表象水平阶段。表象水平有两个层次：一是实物表象或图像表象阶段，即面对实物或图画进行加减运算，如图8-3所示；二是心理表象阶段，幼儿不需要借助实际的直观材料，而是在脑中操作物体的表象进行计算，如图8-4所示。口述应用题就是运用表象进行加减运算的典型手段。口述应用题通过幼儿生活中熟悉的情节展现数量关系，唤起幼儿头脑中积极的表象活动，从而帮助幼儿理解题意和数量关系，选择正确的方法进行运算。例如，教师不出示实物或图片，只用语言描述："盘子里原来有2个苹果，后来又放进去1个，现在盘子里一共有几个苹果？"

图8-3　实物、图像表象阶段

图 8-4　心理表象阶段

（3）抽象水平阶段。抽象水平阶段，又称概念水平阶段。在抽象水平阶段，幼儿使用抽象数的概念，直接进行口头或书面形式的加减运算（图 8-5 和图 8-6）属于高水平的加减运算。

图 8-5　10 以内的加法

图 8-6　书面形式的加减运算

2. 从逐一加减到按数群加减

逐一加减就是用计数的方法进行加减运算，如图 8-7 所示。逐一加减运算可以分为两个阶段：第一个阶段是先将两组物体合并在一起，再逐一计数它们的总数的加法运算和先将要减去的物体取走，再逐一计数剩下的物体数的减法运算；第二个阶段，加法是以第一个加数为起点，开始逐一计数，直到数完第二个加数为止，如"2＋3＝？"就数成 3、4、5，结果为 5；减法则是从被减数开始逐一倒数，直到数完要减去的数量为止，如"6-2=？"就数成 5、4，结果为 4。

单元八　10以内加减运算活动

图 8-7　逐一加减

按数群加减就是依靠抽象数概念进行加减运算的方法，即幼儿能够把数看成一个整体，直接进行加减。比如"4＋5=？"，幼儿如果不用计数就能立即回答出9，表明其已达到抽象数概念的水平。

（二）幼儿加减运算能力发展的年龄特征

1. 不理解加减运算阶段

一般说来，4岁以前的幼儿基本上不会进行加减运算。他们不懂加减的含义，不会使用"＋""－"和"="等运算符号，也不会自己动手将事物分开或合起来进行加减运算。

2. 实物操作阶段

4岁以后，幼儿会自己动手将事物合并或取走以后进行加减运算，但这时必须是运用实物而且是从头开始逐一计数，才能得出结果。虽然4~5岁年龄段的幼儿不能理解抽象的加减运算，但是他们已经能够运用表象进行简单的加减运算了。这也就意味着，在不要求幼儿掌握应用题结构，不使用"＋""－"和"="这些符号和术语的条件下，他们能够解答所有认识的数目范围内的简单加减应用题。

3. 从具体转向抽象阶段

5岁半以后，随着数群概念的发展，幼儿运用表象解答口头应用题的能力进一步提高。特别是在学习了数的组成以后，幼儿能在教师的引导下，运用数的组成知识进行加减式题的运算，从而摆脱了逐一加减的水平。从具体转向抽象阶段如图8-8所示，此时的幼儿已经达到按数群运算的程度。

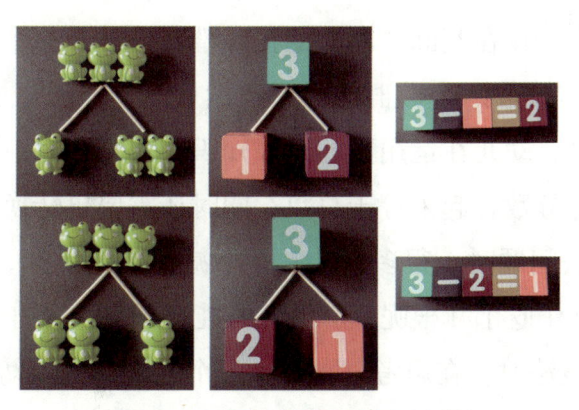

图 8-8　从具体转向抽象阶段

107

（三）幼儿学习加减运算的特点

1. 学习加法比减法容易

（1）受生活经验的影响。幼儿在生活中接触加法先于减法。例如，图 8-9 中的计数就是从小到大顺数开始学习的。

1+1=2
2+1=3
3+1=4

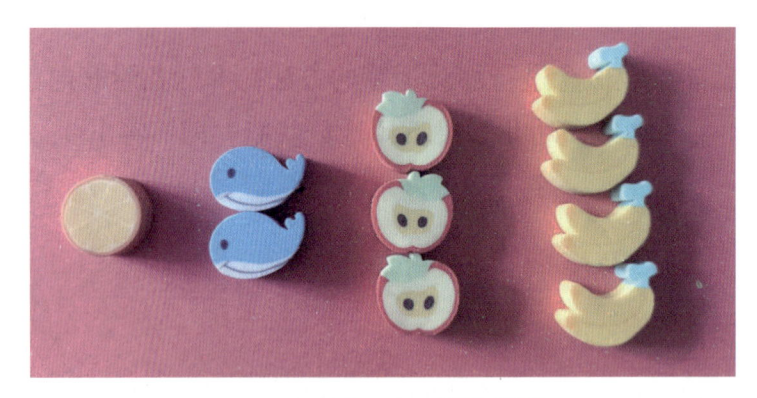

图 8-9　顺数运算

（2）受运算方法的影响。幼儿在进行加法运算时，可运用顺数的方法来解决，而进行减法运算时，要运用倒数的方法来解决。如图 8-10 所示，倒数运算需要逆向思维，对幼儿来说要困难一些。

4−1=3
3−1=2
2−1=1

图 8-10　倒数运算

（3）减法的数群关系比较复杂。加法是把两个数群合并为一个新数群，在被加数与加数之间无须比较大小、多少，仅在判断"和"的正确性时才涉及三个数群的关系；而减法在一开始就需要比较被减数与减数两个数群的大小，然后又涉及被减数、减数与差三个数群关系。减法是加法的逆运算，幼儿在运用数的组成知识学习减法时，需具备两个数群关系的逆反能力，即需要将两个部分数合起来等于总数，同时还需要再转换为总数减去一部分数等于另一部分数。在解决减法问题时，很多幼儿常常做减想加。例如，"小兔一天吃了 7 根胡萝卜，它上午吃了 3 根，下午吃了几根呢？"幼儿可能会回答："下午吃了 4 根，因为 3 和 4 合起来是 7。"可见，学习减法时，在思考时需要做一个逆转，所以幼儿学习减法要难于加法。

2. 学习大数加减问题难于小数加减问题

幼儿在学习加法时，容易掌握大数加小数，而对小数加大数则感到困难。幼儿在学习减法时，减数小容易掌握，而减数大较难掌握，出现错误也较多。

3. 幼儿理解应用题比算式深入

应用题是把含有数量关系的实际问题用语言或文字叙述出来所形成的题目。应用题都由两部分构成：第一部分是已知条件（简称"条件"）；第二部分是所求问题（简称"问题"）。应用题的条件和问题，组成了应用题的结构。这种寓加减运算于生活情景中的题目，由于其情景性和贴近生活的特点，为幼儿表象的积极活动提供了素材。幼儿借助头脑中的表象，能够较好地理解应用题中的数量关系，从而解决应用题中的问题，如图8-11所示。

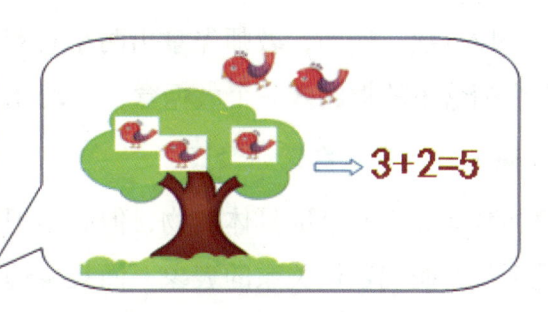

图 8-11　幼儿理解应用题比算式深入

加减算式题是由数字和符号组成的，它既无实物的直观性，又无表象作为思考的依托，幼儿在理解和解答上会有一定的困难。

二、10以内加减运算活动的设计

（一）10以内加减运算的教育内容与要求

在幼儿园教学中，加减运算是大班幼儿学习的重要内容，其目的在于让幼儿开始运用所学的数学知识解决生活中简单的数学问题，使他们感知数学的价值，进一步激发对数学的兴趣，发展数学思维能力。10以内加减运算的具体内容与要求如下。

（1）通过动作和知觉进行实物的加减。

（2）解答简单的求和或求剩余的口述应用题。

（3）理解加法、减法的含义。

（4）感知体验加减的互逆关系。

（5）认识加号、减号和等号。

（6）认识加法算式和减法算式并会计算。

（二）10以内加减运算教育活动的设计

根据幼儿加减运算能力发展的年龄特征，10以内加减运算教育活动设计可以分为：实物加减运算教育活动设计、表象加减运算教育活动设计和运用符号列式加减运算的教育活动设计。

1. 实物加减运算教育活动设计

（1）给物说数。例如，教师先给幼儿2根彩笔，再给幼儿1根彩笔，让幼儿说出教师一共给了他几根彩笔。

（2）听数取物。例如，花篮里放了6朵小花，教师让幼儿取出2朵小花，问幼儿花篮里还剩下几朵小花。

（3）合拢点数。例如，教师先拿出两小盒糖（一个糖盒放3块糖，一个糖盒放2块糖），同时将两个糖盒里的糖倒入一个大糖盒，问幼儿大糖盒里一共有多少块糖。

2. 表象加减运算教育活动设计

表象加减运算不必借助具体实物，但必须把抽象的数想象为形象的物体。表象加减运算的前提是不仅要明确数量关系的表象，而且要理解表示数量关系及实际生活情节的语言。当幼儿听到这些词语时，头脑中就出现了相应的表象，于是激活表象进行加减运算。

口述应用题教学是表象加减运算的主要形式，它是帮助幼儿学习加减法，并为抽象的加减运算提供表象基础的有力手段。

口述应用题教学可分为以下几个步骤进行。

（1）引导幼儿解答口述应用题，使其懂得加减的含义。教师可运用教具演示口述应用题，幼儿以具体、直观的材料作为工具，学习加减运算，不出现数字式题。

（2）引导幼儿描述和模仿口述应用题，使其掌握应用题的结构。例如，引导幼儿描述应用题时，教师可对幼儿示范如下。教师（拿出一只皮球）说："我先买了1个皮球，后来又买了2个皮球，我一共买了3个皮球。"引导幼儿模仿口述应用题，把最后一句话改为疑问句即可。"我先买了1个皮球，后来又买了2个皮球，我一共买了几个皮球？"

（3）引导幼儿自编口述应用题，加深幼儿对加减法与抽象加减式题的理解。在引导幼儿自编口述应用题时，可先通过图片，使幼儿了解并掌握应用题的结构，然后为幼儿创设编题的情境，最后让幼儿自由编题。

3. 运用符号列式加减运算的教育活动设计

（1）认识加号、减号、等号，以及加法、减法算式。

学习加号、等号及加法算式时（图8-12），教师可为幼儿举例：宝宝左手有1辆小汽车，右手有2辆小汽车，问宝宝一共有几辆小汽车。就是把1辆小汽车和2辆小汽车合并在一起，也就是把1和2这2个数合起来，写成算式就是"1+2=3"。接下来，教幼儿认识加号、等号，让幼儿知道"+"表示合起来,"="表示左边的两个数相加和右边的数一样多,告诉幼儿加法算式的读法:1加2等于3。

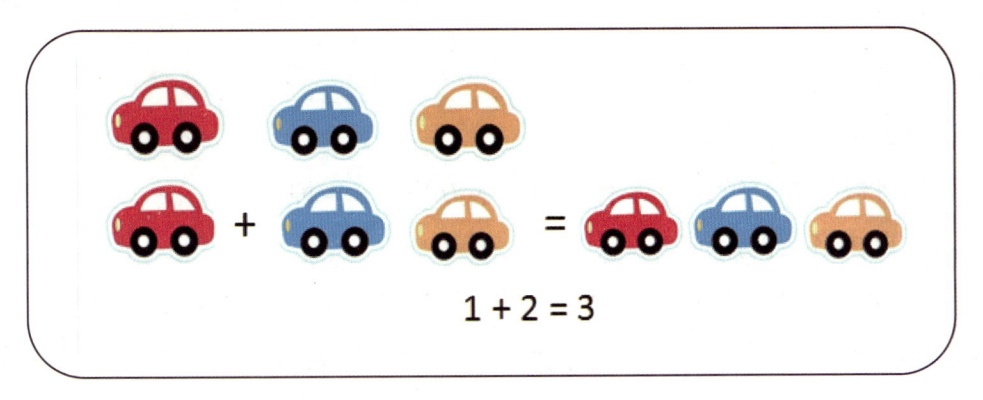

图 8-12　学习加号、等号及加法算式

学习减号、等号及减法算式时(图 8-13),教师可为幼儿举例:宝宝手里有 5 个气球,飞走了 2 个,问宝宝还剩下几个气球。就是从 5 个气球中去掉 2 个气球,也就是从 5 里面减去 2 个,写成算式是"5-2=3"。然后教幼儿认识减号、等号,让幼儿知道"-"表示减去(去掉、分出去等),"="表示左边的两个数相减和右边的数一样多。

图 8-13　学习减号、等号及减法算式

(2)用数的组成学习加减运算。

本书中不再进行展开介绍。

案例:大班数学教案——学习 5 以内各数的组成

一、活动目标

(1)学习 5 以内数的分解及组成,理解除 1 以外的数都可以分成两个数,两个数合起来是原来的数。

(2)在游戏中,产生对数学活动的兴趣。

二、活动准备

(1)图片:动物(小熊和青蛙)2 只,苹果 2 个,梨 4 个,西瓜 2 个。

111

（2）数字卡若干。

（3）幼儿活动材料。

三、活动过程

（1）复习5的分解。

①师：这是数字几呢？（5）

②师：我们将数字5分解，可以有几种分解方法？（4种）

（2）学习5以内各数的组成。

①出示2只动物和2个苹果（图片）。师：我要把2个苹果分给2只动物朋友，可以怎么分？（请个别幼儿演示并讲解：分给小熊一个，也分给青蛙一个。2个苹果分成了1个和1个）

②师：1个和1个合起来是几个？（教师用数字把分的结果记录在黑板上）

③请个别幼儿把3个梨分给小熊和青蛙。（全体幼儿把分的结果记录在纸上）

④请个别幼儿把4个西瓜分给小熊和青蛙。（全体幼儿把分的结果记录在纸上）

⑤师：说一说，几个××分成了几个和几个，几个和几个合起来是几个？

（3）游戏"对数字"。

①师：现在我们又要到森林里去玩了，森林很远的，我们5人一组开火车去吧！森林之王给我们准备了一个"分一分"的游戏，请小朋友看数字卡片，在音乐声停止的时候迅速分开站在线的两侧（请一组幼儿示范）。

②师：森林里还有一个更好玩的地方，看那是什么？（魔洞）这个魔洞只允许数字5过去，可我们小朋友也想过去怎么办呢？请你们先将自己的数字宝宝请出来，看，像我这样变变变就变成5了，你们也快点变一变吧！看看自己是数字宝宝几呢？是数字5吗？怎样才能让我们的数字能够变成5呢？（2和3的组合）两个合起来是5的就可以过去了，你们也快点找一个与自己合起来是5的朋友手拉手、排好队一起过魔洞吧！

③换游戏规则，魔洞允许数量是4的过去。再次游戏。

三、10以内加减运算活动的组织指导

由于数学概念的抽象性、逻辑性强，而幼儿的思维特点又以具体形象性为主，所以无论采用哪种方法、哪种活动形式进行数学活动，都要借助各种直观材料、教具、玩具等，让幼儿在操作中、活动中、游戏中、生活中理解和运用数学知识。

1. 要从现实生活中学数学

在现实生活中，数学问题无处不在。现实生活中的各种事物都是有数目的，如家中的生活用品，幼儿自己的玩具、图书，幼儿园里的小朋友和老师等。幼儿的这些经验都可以迁移

单元八　10以内加减运算活动

到数学的学习中，幼儿也可以将自己学到的一些数学知识运用到生活中。让幼儿从生活中学习数学，既是可能的，又是可行的，还是有用的。因此，教师在组织幼儿的数学活动（如在提出解决的问题、导入数学活动、选择材料）时，应密切联系幼儿的实际生活。

2. 要在操作中学数学

幼儿的思维处于具体形象阶段，他们缺乏理解事物的抽象关系的基本观念及相应的感性经验，他们的推理要借助具体形象和操作。简而言之，幼儿数学知识的获得必须借助一系列动作实现。例如，要知道有几个娃娃，就必须用手一个一个地去数。因此，在进行数学活动时，为幼儿提供充足的操作材料是非常必要的。

3. 要借助表象的支持

比如幼儿在学习数的加减运算时，往往要经过这样一个过程：先是进行实物的加减（具体水平的运算），然后通过口述应用题（可不用实物）联系加减（表象水平的运算），最后才逐渐过渡到只用加减算式的符号来进行运算（抽象水平的运算）。这个过程实际上就是数学知识的内化过程，而其中事物的表象起着重要的作用。

4. 要借助多样化的经验

多样化的经验有利于幼儿形成抽象的数概念。这里的多样化包括材料运用的多样化、操作方法的多样化、各种感官体验的多样化等。

5. 要理解抽象符号的含义和作用

数学知识具有抽象性，幼儿学习数学最终要从具体的事物中摆脱出来，形成抽象的数学知识，而数学的基本标识方法就是各种符号。所以，让幼儿理解各种符号的含义，对于培养幼儿的抽象思维是非常重要的。

6. 要有充分的练习和应用

任何知识的学习、技能的掌握都需要反复地、经常地练习才能巩固。当然，对于幼儿来说，复习的最好方式就是操作和游戏。

案例评析

案例：幼儿园大班数学活动——学习10的减法

活动目标：

（1）学习10的减法，感知减法算式表达的数量守恒关系。

（2）尝试运用正确的词汇表达意图，并进一步理解减法的实际意义。

（3）体验成功的乐趣，增强自信心。

活动准备：

（1）知识经验：幼儿已掌握10的组成。

（2）物质材料：PPT、钥匙题卡、门。

活动过程：

（1）玩一玩游戏，复习10的组成。

（2）看一看PPT，学习10的减法。

师：经过大家的努力，小白兔家的门终于开了。咦！小白兔在家吗？（不在）看，桌上有一张纸条，原来啊是灰太狼留下的，它说小白兔被它抓走了，想要救小白兔，去狼村找！我们一起出发吧！

①学习第一组算式"10-1=9"和"10-9=1"。

师：你们看前面有一群小鸡，谁能用一句完整的话来说一说这幅画的意思？（图上一共有10只小鸡，1只小鸡在小桥上，9只小鸡在草地上）

师：谁能根据小鸡的不同位置，列出一道减法算式题？（10-1=9）

师：10表示什么？（图上一共有10只小鸡）1表示什么？（1只小鸡在桥上）9表示什么？（9只小鸡在草地上）

师：谁还能根据小鸡的不同位置列出另外一道减法算式题？（10-9=1）中的10、9、1又表示什么？

师：这两道题中有什么秘密呢？

小结：原来这两道算式都有数字10、1、9，最大的数排在最前面，等号前后的数字交换了一下位置，算式仍然成立。

②学习第二组算式"10-2=8"和"10-8=2"。

师：我们一起到前面去看看吧！谁能用一句完整的话来说一说鸭子这幅图的意思（图上一共有10只小鸭子，有2只蓝色的鸭子，还有8只黄色的鸭子）？

师：谁能根据鸭子颜色的不同列出一道减法算式？（10-2=8）

师：谁能列出另外一道减法算式题？（10-8=2）

小结：以后看到10、2、8就可以列出两道不一样的减法算式题。

③学习第三组算式"10-3=7"和"10-7=3"。

师：走得好累呀，我们休息一会儿吧！看，好多鸟呀！谁能用一句话来说说这幅图的意思？

师：谁能列一道减法算式来表示这幅图的意思？（10-3=7）

师：看到10、3、7这三个数字，谁能列出另一道减法算式题？（10-7=3）

④学习第四组算式"10-4=6"和"10-6=4"。

师：前面到沙滩了，你们能用完整的话来表示沙滩上的乌龟吗？

师：用一道减法算式来表示，谁来？（10-4=6）

师：看到10、4、6还可以列出另外一道减法算式题，谁来试一试（10-6=4）？

⑤学习第五组算式"10-5=5"。

师：羊村到了，谁来用一句好听的话来说说这幅图的意思？（草地上一共有10只懒羊羊，其中5只在吃东西，5只在睡觉）

师：谁能用一个减法算式来表示？（10-5=5）

师：10、5、5分别表示什么？（强调前面一个5和后面一个5分别表示什么）

师：这个算式等号前后的数字一样吗？它还可以列出另外一道减法算式吗？

（3）游戏活动：送数字宝宝回家。

师：看，是灰太狼，听听它会说些什么呢？"想要进去，先回答我的问题！我这里有些数字宝宝找不到家了，请你们送它们回家！"

师：你们愿意接受灰太狼的挑战吗？

（4）玩一玩游戏，复习10以内加减法。

评析：

本次活动是学习10的减法的数学教育活动，主要采用游戏的方法生动地引导幼儿进行10的分合式。活动遵循循序渐进的教育理念，由浅入深地引导幼儿学习，使其能够较快地掌握所学知识。在思维活动组织上，教师通过讲解，引导幼儿观察分析，从而突出了教学重点、突破了教学难点，符合幼儿的认知规律。

知识巩固

1. 名词解释

逐一加减　　应用题

2. 简答

（1）简述幼儿学习加减运算的发展过程。

（2）10以内加减运算教育活动应怎样设计？

（3）如何指导幼儿进行10以内加减运算的教育活动？

实践训练

1. 设计训练

请为大班幼儿设计一个关于"6的加法"的数学教育活动。

2. 评析训练

下面是一个数学教育活动，请根据本单元所学内容予以评析。

中班数学活动：2的加减法

活动目标：

（1）复习2的分合，在掌握2的分合基础上，学习2的加减法。

（2）初步认识理解"+""-""="符号的含义。

（3）能根据分合式说出加减法算式。

活动重点：能根据分合式说出加减法算式。

活动准备：硬币、操作材料（每人2个雪花片）、铅笔、记录单、数量不等的物体图片，0~2的数字，加号、减号、等号各1个。

活动过程：

（1）复习2的分合。（游戏：猜硬币）

师：我这里一共有两个硬币，现在我要分别藏在2个手心里，你们来猜猜我手心里分别有几个硬币？（一边猜，一边用加减记录）

（2）学习2的加减法。

①导入活动，引起幼儿学习的兴趣。

教师展示背景图，以小动物一起玩游戏的情节进行2的加法：草地上有1只梅花鹿在玩游戏，后来跑来1只小狗，草地上一共有几只小动物？（2只）

②师生一起游戏。

师："今天老师给你们准备了一些雪花片，小朋友稍后跟着老师一起来玩游戏。我从盒子里拿出一个雪花片，后来又拿出了一个，那么我一共拿出了2个雪花片。"幼儿一边听老师讲述，一边摆。

③启发幼儿用一道算式来表示这个游戏中所讲的事情，并说出算式及符号所表示的含义。

• 1＋1=2 前面的1表示什么？后面的1表示什么？2表示什么？

• 启发幼儿再用一道算式表示这个游戏。

（3）幼儿操作，并做记录。

幼儿根据老师说的情节，用卡片摆出算式，并用作业本把算式写下来。（先徒手练习书写，然后用田字格本子练习，指导幼儿正确的坐姿及握笔方法）

（4）评价活动。

表扬评价写得好的幼儿。

单元九　认识几何形体活动

学习目标

1. 知识目标

通过各种活动引导幼儿感受与理解几何形体的特点和基本概念。

2. 能力目标

灵活运用各种方法，让幼儿在生活、游戏中亲历感受和巩固关于几何体的知识。

3. 情感目标

根据幼儿特点进行教学，激发幼儿对几何体的探究欲望。

情境创设

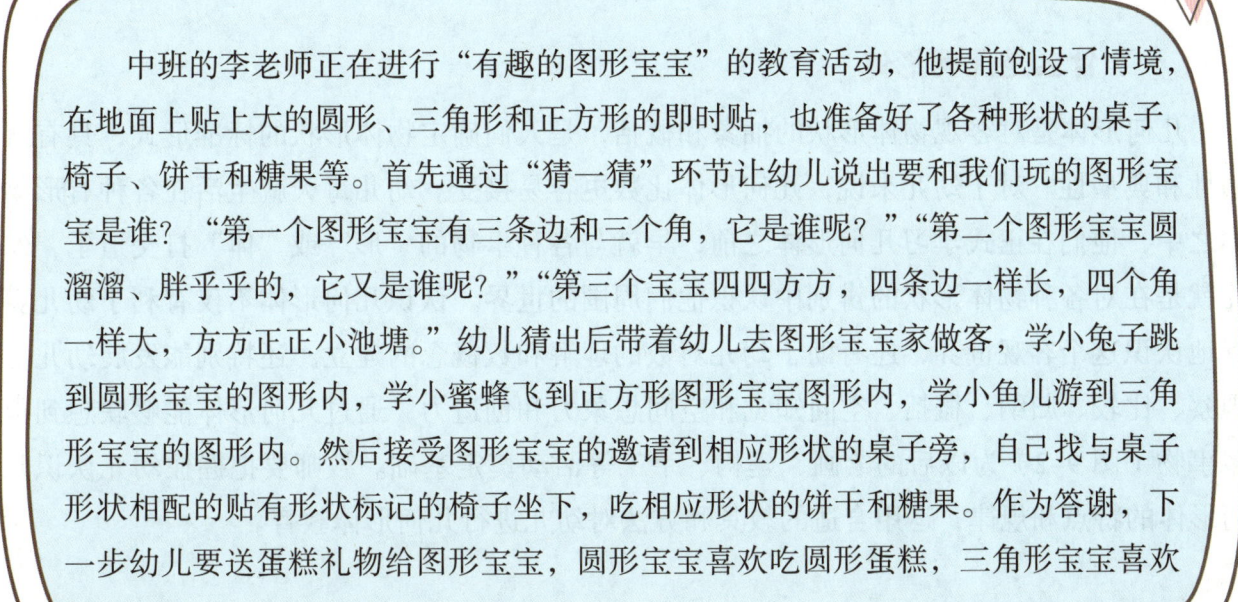

中班的李老师正在进行"有趣的图形宝宝"的教育活动，他提前创设了情境，在地面上贴上大的圆形、三角形和正方形的即时贴，也准备好了各种形状的桌子、椅子、饼干和糖果等。首先通过"猜一猜"环节让幼儿说出要和我们玩的图形宝宝是谁？"第一个图形宝宝有三条边和三个角，它是谁呢？""第二个图形宝宝圆溜溜、胖乎乎的，它又是谁呢？""第三个宝宝四四方方，四条边一样长，四个角一样大，方方正正小池塘。"幼儿猜出后带着幼儿去图形宝宝家做客，学小兔子跳到圆形宝宝的图形内，学小蜜蜂飞到正方形图形宝宝图形内，学小鱼儿游到三角形宝宝的图形内。然后接受图形宝宝的邀请到相应形状的桌子旁，自己找与桌子形状相配的贴有形状标记的椅子坐下，吃相应形状的饼干和糖果。作为答谢，下一步幼儿要送蛋糕礼物给图形宝宝，圆形宝宝喜欢吃圆形蛋糕，三角形宝宝喜欢

三角形蛋糕，正方形宝宝喜欢正方形蛋糕。这里适当增加了难度，让幼儿通过讨论和摸索把两个半圆拼成一个圆形，用两个直角三角形拼成一个正方形，用两个不同的小三角形拼成一个大三角形。最后，游戏活动结束后，老师又组织幼儿进行了延伸活动"画一画"，让幼儿发挥想象力和创造力自由地给图形涂色、组合，画出各种形状的几何图形和物体，如图9-1所示。

图 9-1　几何图形和物体

科学活动，尤其是数学活动一直被幼儿园老师们认为是最难设计和实施的，引导幼儿认识几何形体是数学教育的重要内容，那么我们应该如何进行设计与组织指导呢？

基本知识

一、认识几何形体活动概述

（一）什么是几何形体

几何形体是对客观物体形状的抽象和概括，是人们确定物体形状的标准形式，具有普遍性和典型性。对于幼儿来说，几何形体比数更容易接受。幼儿每天就生活在各种有形物体之中，他们在正式学习几何形体之前，早就与各种事物的"形"或"体"打交道了，幼儿就是在对各种物体形状的辨别中认识他们周围的世界。认识几何形体不仅有利于幼儿更好地认识这个客观世界，还有助于幼儿对数的理解和数概念的建立，还特别能发展幼儿的观察、比较、归纳、概括、空间知觉和空间想象力和创造力，通过几何形体能够联想到很多事物（图9-2）为以后的绘画、建构、手工等活动奠定基础。教师要把握住幼儿认识几何形体的特点和规律，运用合适的教具和方法对幼儿进行几何形体教育。

单元九　认识几何形体活动

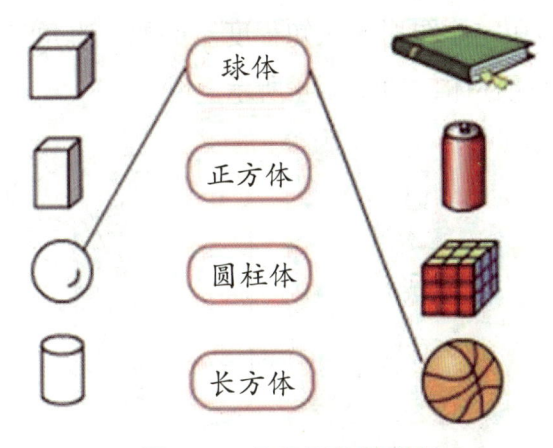

图 9-2　几何形体的联想

（二）幼儿认识几何形体的发展特点与规律

1. 常把形体与物体相混淆，用物体名称代替形体名称

日常生活中到处是各种形状的物体，幼儿对形体并不陌生，但是他们口中和心中的形体只是具体的实物，而不是数学意义上抽象的几何形体的名称，他们常常用物体的名称来代替形体的名称。比如大人问他们什么是圆和正方形，他们回答就是太阳、篮球，正方形就是桌子、窗户。年龄小的幼儿对相似的图形也容易混淆，比如正方形和长方形、平行四边形，圆和椭圆也分不清。因此，教育者在教幼儿认识几何形体时要注意引导幼儿观察、比较和区分相似物体的形状并告诉他们准确的名称，帮助幼儿从客观物体形状中抽象出概括的几何形体。正方形与正方体剖面的对比如图 9-3 所示。

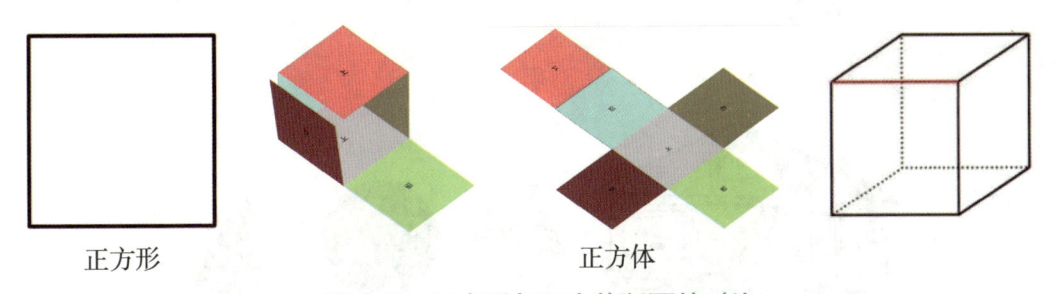

正方形　　　　正方体

图 9-3　正方形与正方体剖面的对比

2. 常把平面图形与立体几何体相混淆，分辨不清

直线、射线、角、三角形、平行四边形、长方形（正方形）、梯形和圆都是几何图形，这些图形所表示的各个部分都在同一平面内，称为平面图形。立体图形是各部分不在同一平面内的几何图形，由一个或多个面围成的可以存在于现实生活中的三维图形。平面只是几何体的一个部分，在我们周围的环境中存在的大量的具有各种形状的物体都是几何体，但是因为外形相似，幼儿认知不成熟，所以常常以面代体，比如他们说："桌子是正方形的，球是圆形的。"教师要引导幼儿观察平面图形与立体图形的区别，可以用儿歌或游戏、小实验等

119

方式使幼儿加深对平面图形和立体图形的认知程度。例如，直角三角形旋转后出现一个圆锥体，长方形旋转后出现一个圆柱体，如图9-4所示。

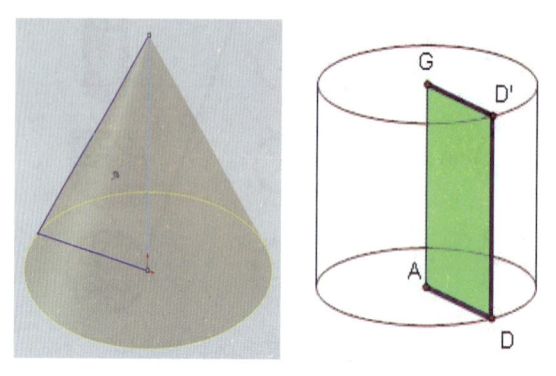

图9-4 直角三角形的旋转

3. 会受到生活经验的影响

生活中的立体图形如图9-5所示。幼儿对生活中常见的物体形状比较容易认识，少见的物体形状认识起来比较困难。一般来说，幼儿对圆形、正方形和三角形比较容易认识，对球体、正方体也比较容易认识，所以也导致幼儿对几何形体的认识有一定的顺序性。幼儿对圆形的认识之所以容易，是因为幼儿在日常生活中经常接触圆形的物体，对圆形的感性经验较为丰富。幼儿在日常生活中很少接触到椭圆形的物体，所以认识椭圆形就比较困难了。

图9-5 生活中的立体图形

4. 幼儿认识几何形体有一定的顺序性

鉴于生活经验的影响，幼儿认识几何形体的顺序是：先平面图形，后立体图形。平面图形的认识顺序是圆形—正方形—三角形—长方形—半圆形—椭圆形—梯形—扇形—菱形—平行四边形，立体图形的认识顺序是球体—正方体、长方体—圆柱体。

5. 对形体还没有形成守恒观念

幼儿对形体的认知受到几何形体的大小、颜色和摆放位置的影响，如两个同样大小的球体分别放在远处和近处，他们会说近处的大，远处的小；两根同样长度的筷子横着和竖着摆放，他们一般认为竖着摆放的筷子长；同样的水放进粗细不一的水杯里，他们会说细杯子里的水多；同样的门转动一定角度后，他们也认为和原来不一样大了，形状也变了。如图9-6所示，可以让幼儿观察两个黄色球是否一样大，不同箭头中间的线段是否一样长。我们在教幼儿认识几何形体时要强化对形体特征的认识，并且注意进行形体守恒和面积守恒的训练，帮助幼儿形成物体形状和面积守恒的观念，如图9-7所示。

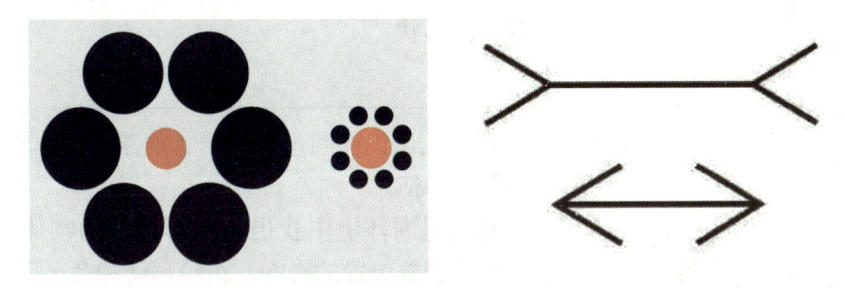

图9-6　观察两个黄色球

图9-7　形体与守恒

二、认识几何形体活动的设计

（一）各年龄班级几何形体活动内容与目标

各年龄班级几何形体活动内容与目标见表9-1。

表9-1 各年龄班级几何形体活动内容与目标

班级	教学内容	教学目标
小班	圆形、三角形、正方形	1. 认识圆形、三角形、长方形与正方形，能进行分类，能根据图形的名称找出图形并说出名称。 2. 能在周围环境中找到与图形相似的物体或指出物体某个部分的形状
中班	长方形、椭圆形、梯形	1. 教幼儿认识椭圆形和梯形，能正确说出名称和认识图形的基本特征。 2. 能从周围环境中找出与图形相似的物体，能不受颜色、大小及摆放位置的影响，正确辨认和命名图形。 3. 初步理解图形之间的简单关系，并能运用图形按要求拼搭或自由拼搭
大班	球体、圆柱体、正方体和长方体	1. 教幼儿认识球体、圆柱体、正方体和长方体，能指认正方体、长方体、球体和圆柱体，并能根据几何体的特征进行分类或排列。 2 能体验和理解平面图形与立体图形之间的关系。 3. 能利用几何形体进行拼搭和建构，会将实物或图形做二等分或四等分

（二）确定活动的具体目标

活动目标一般来说可以分为知识目标、能力目标和情感目标。几何形体认识活动的知识目标主要是使幼儿认识几何形体特征，获得有关物体形状及空间等方面的感性经验，并逐步形成一些几何形体的初步概念。能力目标则是发展幼儿的空间知觉能力、空间想象力和抽象逻辑思维能力及观察力、动手操作能力等。情感目标则包括感受几何形体的神奇魅力，产生对几何形体活动的兴趣，以及形成交流、合作的意识等。

在同一活动中，表述时使用的主体应尽量统一，可以以幼儿作为主体，也可以以教师作为主体。

（三）认识几何形体活动常用的方法

在幼儿数学教育中，幼儿认识几何形体常用的方法包括以下几个。

1. 观察比较

观察比较是指引导幼儿认识某种形体时，让幼儿观察和比较与该形体相似的各种实物或教具，将幼儿所观察过的实物或教具与几何形体相比较，通过比较使幼儿获得形体的初步概念。这是一个从具体到抽象概括的认识过程。例如，在认识圆形时，教师可引导幼儿观察各种不同大小的圆形物体，观察圆形的饼干、镜子、桌面和车轮等，再教幼儿认识不同大小的圆形。因为在日常生活中单纯的平面几何图形的物体是没有的，而幼儿的思维又是以具体形象性占优势，所以教师应尽量选用接近平面的物体或指着物体的某一部分让幼儿观察，然后过渡到认识平面图形，将平面图形与相似的物体相对照，加以比较，使幼儿获得图形的概念。在此基础上，再从不同的方向变换图形的呈现方式。观察比较几何形体的步骤有以下三步。

步骤一：观察2个实物或图形，找出它们的相同与不同，如图9-8所示。

步骤二：观察图形与实物，找出其相同点与不同点。

步骤三：告诉幼儿这些图形的名称与特点。

图9-8 观察比较几何形体

2. 讲解演示

讲解演示是指对于幼儿比较陌生的形体，教师可以直接用讲解演示的方法指导幼儿认识。讲解演示的步骤如下。

步骤一：出示2~3个图形（图9-9），告诉幼儿图形的名称。

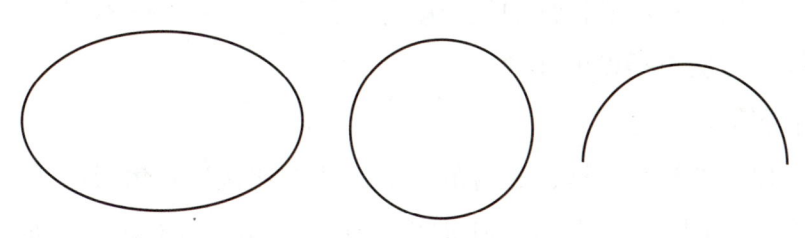

图9-9 出示图形

步骤二：总结图形的特点，分析图形的不同。

步骤三：如图9-10所示，找一找周围环境中哪些物体是这种形状或哪些物体的某个部分是这种形状，深化幼儿对图形的认识。

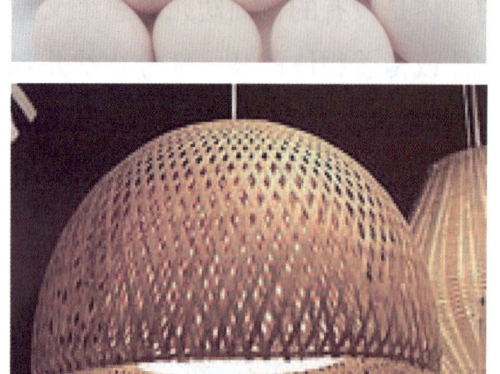

图 9-10　找一找

3. 实践操作

实践操作是教幼儿用各种各样的直观材料进行实际的操作与练习，这是幼儿认识几何形体的主要方法。操作活动的突出特点是使感知与动作紧密联系起来，这不但能激发幼儿的学习兴趣，提高幼儿学习的积极性，而且对于幼儿学习掌握、复习巩固对几何形体的认识有重要作用。操作活动比较符合幼儿直觉行动思维的特点，因而是幼儿认识几何形体最常用的方法。例如，教幼儿认识三角形时，可先给幼儿准备一些粗细一致的塑料棒，每人3根长的，3根短的。在教学时，可让幼儿用3根长的塑料棒摆成一个三角形，再用3根短的塑料棒摆一个，然后还可以取下2根长的塑料棒和1根短的塑料棒摆成一个三角形。通过实际操作，幼儿对三角形有三条边这一本质特征的认识就会十分深刻，并牢记不忘。

常用的实践操作方法包括以下几种。

（1）按名称取图形。

幼儿根据教师口头的指令，取出相应的图形。比如在认识三角形的活动中，教师可以为幼儿准备三角形和其他图形，让幼儿从中取出三角形，还可以有不同的难度要求，从颜色、大小、形状等方面提出要求，最后使幼儿能在观察比较的基础上概括出三角形的特点：不管颜色、大小、位置、形状如何，只要有三条边、三个角的图形都是三角形。

（2）给图形分类。

为幼儿准备几种不同大小、颜色和形状的图形，请幼儿将形状相同的图形放在一起，如

图 9-11 所示。通过这样的操作活动，可以了解幼儿能否排除颜色、大小的干扰，正确地认识形状的特征。

图 9-11　给图形分类

（3）涂色、连线、盖图形印章。

教师在作业纸上画出几种图形，请幼儿将指定的图形涂上颜色或将同样的图形用线连接起来，如图 9-12 所示。也可以为幼儿提供印章或印泥，让幼儿在纸上按要求印出各种图形。

图 9-12　给相同图形连线

（4）画、撕图形。

教师在纸上画出平面图形，让幼儿用钝头针沿边刺孔，然后沿刺孔处撕下图形，并贴在另外的纸上，如图 9-13 所示。此活动可以使幼儿了解平面图形的特点，并可以锻炼幼儿手部精细动作和手眼协调能力。

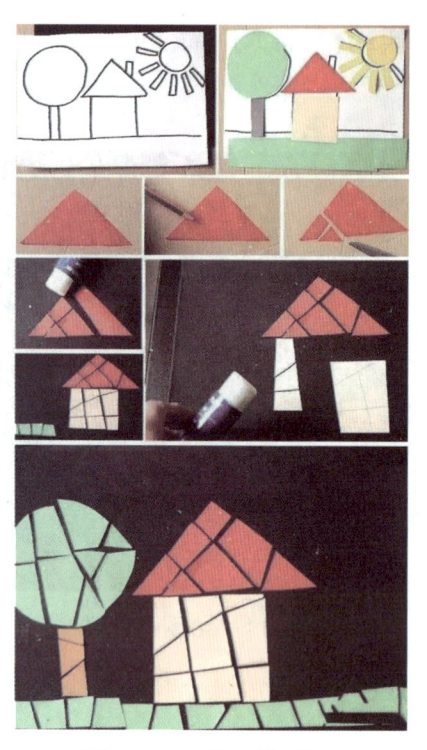

图 9-13 画、撕图形

（5）制作几何形体。

如图 9-14 所示，教师演示并教给幼儿如何用平面图形贴出几何体，如用 6 个一样大的正方形做一个正方体或用 6 块一样大的正方形布片制作一个正方体沙包，用 4 块一样大的直角三角形布片制作一个正方形手帕，用废旧布片制作小被子等。

图 9-14 制作几何形体

4. 游戏

教师还可以把引导幼儿认识几何形体这个活动渗透在游戏中，组织和引导幼儿通过摸、找、拼、搭、拆、画等活动来复习和巩固对几何形体的认识，使幼儿在有趣的活动中自觉自愿地学习。

（1）摸——教师可用塑料片和硬纸板做成各种几何图形，把它们放在盘子里，用布盖好，让幼儿用手去摸，边摸边告诉大家自己拿了什么形状的物体，然后再拿出来让大家验证是否正确。中班游戏时，可让幼儿说出他摸到什么形状的物体和该物体的主要形状特征。

（2）找——让幼儿在一定环境里找一找有哪些物体，它们分别是什么形状的；从物体或物体的形状中找一找它们都是由哪些几何形体组成的。

（3）拼——教师启发和引导幼儿用不同颜色、不同大小的几何图形的硬纸板或塑料片拼出动物、植物或其他物体形象或几何图形，如图9-15所示。例如，用两个三角形拼成一个大的三角形，或拼成一个正方形。拼完后，可以让幼儿说一说，他拼成了什么，都用了什么图形，各用了几个。在拼拆活动中，能培养幼儿的观察力、空间想象力和创造能力。

图9-15 拼几何图形

（4）搭——指导幼儿用火柴杆、积木块、竹片等物品搭成各种物体形象或各种几何形体。如图9-16所示，让幼儿用6根火柴杆搭一个长方形，然后移动3根火柴杆，使形状改变成一个正方形，其中还包含4个小正方形。

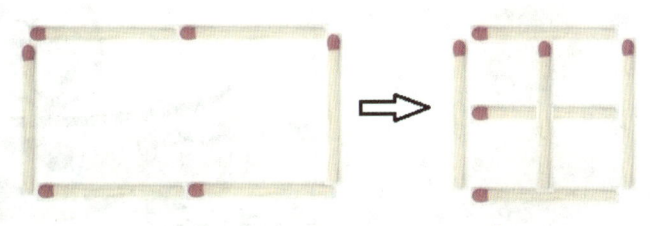

图9-16 移动火柴学习几何图形

（5）折、画——引导幼儿把一定形状的纸折成各种几何图形，或启发幼儿在纸上画出各种不同的图形，如图9-17所示。例如，给幼儿一张长方形的纸让幼儿折出2个三角形。

画一只大熊猫

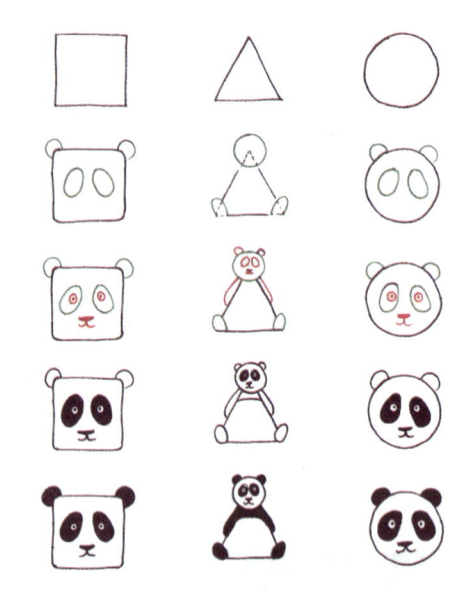

图 9-17　用图形画小动物

三、组织指导认识几何形体活动的注意事项

（一）寓几何形体教育于生活

数学意义上的平面图形在生活中是不存在的。生活中存在的是具有各种形状的物体，所以日常生活中的各种活动是对幼儿进行几何形体教育的有效途径，幼儿的生活环境中充满了有关形状的知识和活动，可以使幼儿在轻松自然的情况下获得简单的几何图形知识，引发幼儿对几何图形的兴趣。比如水杯、桌面、地砖、花池、蛋糕、饼干等都有适合于幼儿学习的图形（图 9-18）。在日常活动中，教师要掌握合适的时机进行几何知识的教育，在不影响幼儿正常生活的前提下，适时适量地开展几何知识教育。

图 9-18　寓几何形体教育于生活

（二）寓几何形体教育于游戏或区域活动

游戏是幼儿最喜欢的活动，因此在幼儿的游戏活动或区域活动中对幼儿进行几何形体的教育也很重要，如图9-19所示。比如，建筑游戏常用的积木就是现实生活中各种形状的再现，幼儿根据教师的口头指示，取出相应的积木，幼儿在运用积木搭建各种建筑物和物体的过程中，可以获得并巩固各种几何形体的知识。在此类活动中，教师需要注意的是：

（1）充分发挥幼儿的独立性、自主性、创造性，培养幼儿对几何图形的兴趣和求知探究的愿望，最大限度地提高幼儿的思维和动手操作能力。

（2）针对不同发展水平的幼儿，引导其参与不同的活动，使每个幼儿有所收获和提高，既从中获取丰富的知识经验，又增强自信心和成功感。

（3）引导幼儿集体合作，增强同伴间的合作和交流。

图 9-19 寓几何形体教育于游戏

（三）寓几何形体教育于其他活动

在幼儿的生活和活动中，除在数学领域进行几何形体教育外，在其他活动中，如语言、社会、艺术、健康等也对几何形体有所涉及，对幼儿渗透几何形体的知识，不仅能巩固、加深、补充和促进幼儿几何形体概念的发展，而且能使学习更为生动和有效。例如，在认识肥皂的活动中，就可结合方形、圆形、椭圆形等几何知识的教育。再如，在进行美术活动时（图9-20），幼儿在绘画、泥工、剪贴的过程中，往往要准确辨认物体的形状、大小比例等。这要求教师具有整合各项活动的能力，兼顾各项活动目标，以期用同样的时间达到最优的教育效果。

图 9-20　寓几何形体教育于美术活动

（四）要注意数和形的有机联系

在教幼儿认识几何形体时，要结合计数教学。例如，如图 9-21 所示，教幼儿认识几何图形时，可先教幼儿认识哪是几何图形的边，哪是几何图形的角，然后让幼儿观察几何图形中边和角的关系与区别。这不仅加深了幼儿对三角形本质的认识，也加深了幼儿对数的理解和认识。同样在教幼儿计数时，也应有意识地让幼儿去数一数各种几何形体的物体，使幼儿在学计数的过程中逐渐积累关于几何形体的感性经验。

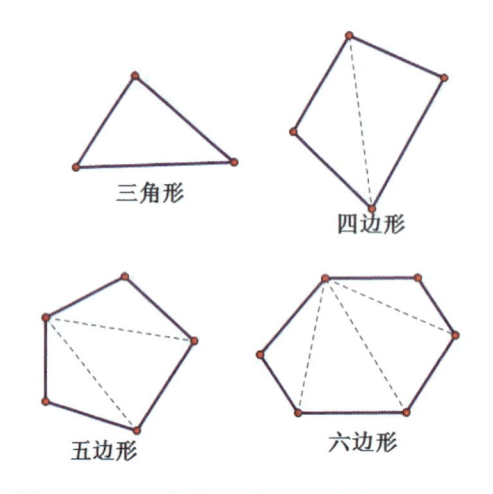

三角形　　四边形

五边形　　六边形

图 9-21　几何图形中边和角的关系与区别

案例评析

案例：小班数学活动——正方形宝宝

一、活动目标

（1）在游戏中激发幼儿对形状的兴趣，引导幼儿利用感官感知和区分正方形。

（2）通过相近图形的辨析，幼儿可以学会正确区分和辨识正方形。

二、活动准备

（1）经验准备。

幼儿能够在生活中找出一些正方形的东西，但不能准确地将正方形与长方形区分开。

（2）物质准备。

一个自然色的正方形大胸针；正方形纸袋内装每人一份同色的大小正方形、菱形、梯形、长方形、平行四边形、三角形、圆形；车票有3种颜色，每种颜色有7种形状，其中大小正方形的数量要多于幼儿人数，每张车票上各有1~4个圆点；火车车厢的形状仍不变，但正方形车厢内各有1~4个圆点。

三、活动过程

（1）活动导入。

正方形妈妈敲门做客。

教师观察幼儿，和幼儿一起边摸边说："她方方的，有边，上边下边都有，这里尖尖的。"

（2）个体辨别——正方形宝宝在哪里。

教师请幼儿将找出来的正方形放到正方形妈妈身边的桌子上。

层次一：找出正方形、菱形和长方形乃至梯形的幼儿2人。

层次二：找出正方形和菱形，或者正方形和长方形的幼儿5人。

层次三：正确找出大小不同正方形的幼儿5人。

（3）个别沟通，小组讨论：谁是正方形宝宝。

①对层次一的幼儿进行指导。

教师左手拿起1个正方形，右手将梯形重叠到正方形前："哪里不像？"

幼儿："这个是歪的，这个也歪。"

师："正方形这些边是直的。"教师用手在正方形侧边和上下边划过，眼睛看幼儿。"那我们一起把不是正方形宝宝的这两个图形放一边吧。"幼儿和老师一起找。

②对层次二的幼儿进行指导。

③对层次三的幼儿进行指导。

（4）排除干扰验证幼儿对正方形的掌握情况：坐火车去旅行。

师："正方形妈妈要带我们坐火车出去玩，坐火车要买票，我们来看看，正方形妈妈的火车票是什么样子的。"（正方形车票）

幼儿在不同颜色、不同形状中寻找正方形车票。

师："看看自己的车票是几号呀？"（几个小圆点）

教师引导计数能力弱的幼儿数清自己车票圆点和座位上的圆点。

正方形妈妈坐在火车头，带领幼儿边听音乐，边做动作。

四、活动延伸

幼儿回家后找找生活中什么是正方形的，再到幼儿园时，与其他小朋友交流。

评析：

本次活动采用游戏的方式，让幼儿在与正方形妈妈做游戏、寻找正方形宝宝过程中感受、辨别正方形，了解了正方形与其他相似四边形的不同，引起了幼儿极高的兴趣和参与活动的愿望，让幼儿获得了对正方形特点的认识。

这个活动之所以能够让每名幼儿获得了实效性的发展，是因为面对各类不同表现的幼儿时，教师采取不同的指导策略。除了具有游戏情境，最关键的是结构化的游戏材料和教师对细节的引导。比如，为了减少幼儿在辨别图形的干扰因素——颜色等的影响，教师将8种图形都设计成同色，突出形状的不同，有利于幼儿集中注意力在图形的辨别上；当幼儿拿出与正方形相似的长方形和菱形时，教师在让幼儿说出找出图形的原因后，通过引导幼儿观察、重叠比较的方法让幼儿讨论，辨别出这些图形与正方形的不同之处，使幼儿在找正方形火车票时能从不同颜色、形状、大小的图形中正确找出正方形。

可见，教师在组织这类小班幼儿数学活动时，仅考虑活动的游戏和形式的变化是远远不够的，因为我们开展活动不仅要让幼儿感兴趣，最主要的还要使每个幼儿获得实效性的发展，这是在组织生活和游戏中的数学活动需要注意的。

知识巩固

1. 名词解释

几何形体

2. 简答

（1）简述认知几何形体对于幼儿发展的意义。

（2）幼儿认知几何形体的过程有哪些特点和规律？

（3）认知几何形体活动中可运用哪些有效的教学方法？

（4）教师可以通过哪些途径组织幼儿认知几何形体活动？

实践训练

1. 设计训练

请以认识立方体为主题，设计一个大班图形认识活动。

2. 评析训练

请运用本单元知识对下面的案例进行评析。

单元九　认识几何形体活动

大班数学活动：有趣的图形拼组

教学目标：
（1）会用长方形、正方形、三角形和圆形拼组图形，通过图形拼组深化对图形的认识。
（2）在图形拼组的过程中，培养动手操作能力、想象力，发展立体空间观念。

教学重难点：
会用长方形、正方形、三角形和圆形拼组图形。

教学准备：
教师准备多媒体课件，幼儿准备长方形、正方形、三角形和圆形等学具。

教学过程：

1. 拼组图形

教师：我们在前面学习了长方形、正方形、三角形和圆形，你们知道吗，用这些图形可以拼组出一些有趣的图形，小朋友们愿意来试一试吗？

幼儿：愿意。

（教师出示帆船）

教师：怎样拼组呢？我们先来看一看这条帆船，如果让你用你手中的图形来自己拼一艘帆船，想想你会用到哪些图形？为什么？

幼儿：我会用到三角形，因为帆船上的两叶帆很像两个三角形。

教师：老师注意到你说的话中用了两个字"很像"，能给大家解释一下你为什么用这两个字吗？

幼儿：我觉得帆船上的两叶帆像三角形，但不是标准的三角形。

教师：对了，生活中的很多物体都像我们学过的一些图形，但都不是标准的长方形、正方形、三角形或圆形，所以我们在拼组图形时，要想象这些物体和我们学过的哪些图形相似。小朋友们会想象吗？

幼儿：会。

教师：继续想象。

幼儿：我会用到长方形，两叶帆中间的桅杆就很像一个很小但是很长的长方形。

幼儿：我会用长方形和三角形，帆船底部的中间部分就很像一个长方形，它旁边就像两个同样的三角形，把它们拼在一起就像帆船的底部了。

（教师出示拼组好的帆船图）

教师：你看看书上已经拼组好的帆船图，是不是和你们说的是一样的？都用到了哪些图形？

幼儿：用到了三角形和长方形，和我们说的基本一样。

教师：看来小朋友们的分析是正确的，帆船的两叶帆本来不是三角形，可很像三角形，所以我们在拼组帆船的时候，就把它看成三角形来拼组。我们在拼组图形的过程中，要抓住它像什么，再来进行相应的拼组，这样才能用我们手中的图形来完成我们有趣的拼组。那是不是图中的每一个小细节、小东西都需要我们原封不动地拼组出来呢？

幼儿：不是，我们拼组的时候注意的是比较大的东西，那种很小的就没有必要在意了。

教师：老师已经明白你们的意思了，你们是说抓住事物比较有特征性和代表性的东西来拼组，并不是每个小细节都要拼组。

教师：现在我们已经知道了怎么进行图形拼组了，你们就照着这个图来拼组一个帆船吧。

幼儿自由地拼组帆船，老师巡视指导拼组过程。教师拿一个小组的拼组帆船来展示，进行适当的表扬和建议。

教师：老师这里还有一棵树和一条鱼，你们来看看，它们的各个部分又像什么？你会用什么图形来拼组？

（让幼儿自由发表看法）

教师：同样，看看书上已经拼组好的图形，看看和我们的分析是不是一样的。

幼儿自己总结分析的图形和书上用的图形有什么区别，哪种更好，以及为什么。

教师：知道了鱼和树怎么拼组，现在让我们来看看哪个小组拼组这两个图的速度最快并且最像。

（幼儿在两个图形对比的基础上，进行模仿，动手操作）

教师：把你们拼组好的图形摆放在桌上，我们一起来评一评，看看谁拼得最好。

2. 给图形取名字

教师：小朋友们已经会拼组图形了，有些小朋友也拼组了下面的一些图形，你会给这些拼组好的图形取一个好听的名字吗？

利用多媒体课件展示一些拼组好的图形，如太阳、小房子、小汽车等。

教师：首先要想一想这些图形像什么？然后再给它们取名字。

讨论后，抽取幼儿汇报。汇报时，允许幼儿给同一幅图取不同的名字。比如同样的一幢房子，有的幼儿取名为"小房子"，有的幼儿取名为"白雪公主和小矮人的家"，有的幼儿取名为"温暖的小屋"。教师可以让幼儿们评一评，看谁的名字取得最好。

3. 拼图形讲故事

教师：小朋友们会讲故事吗？讲一个故事给大家听听。然后抽一个幼儿来讲故事。

教师：小朋友讲的故事真好听，你能把这个故事的主要人物拼摆出来吗？比如龟兔赛跑这个故事里的小白兔怎样拼呢？小乌龟又该怎样拼呢？

（教师指导幼儿拼出小白兔和小乌龟）

教师：看着小白兔和小乌龟，你能给大家讲一个龟兔赛跑的故事吗？

（幼儿看着拼图讲故事）

教师：小朋友们能不能像这样先拼摆图形再讲故事呢？下边小朋友自己想一个好听的故事，拼出故事中的一个情节，然后给其他同学讲一讲这个故事。

（幼儿活动，教师进行必要的指导）

4. 课堂小结

教师：看来通过这次活动，小朋友们的收获都不小，下面我们依靠集体的力量，全班小朋友来完成一个大的拼图吧。

在幼儿拼图时，教师应给予必要的指导。拼好以后，教师给予幼儿及时的肯定和鼓励，全班幼儿可以围着拼图跳舞，活动在欢呼声中结束。

单元十　分类活动

学习目标

1. 知识目标

了解各年龄段幼儿分类能力的发展特点，掌握各年龄段幼儿分类活动的目标。

2. 能力目标

能够进行各年龄段幼儿分类活动的设计、组织与指导。

3. 情感目标

认识集合概念对幼儿思维发展的重要意义，重视培养幼儿观察、分析、综合、比较及概括的能力。

情境创设

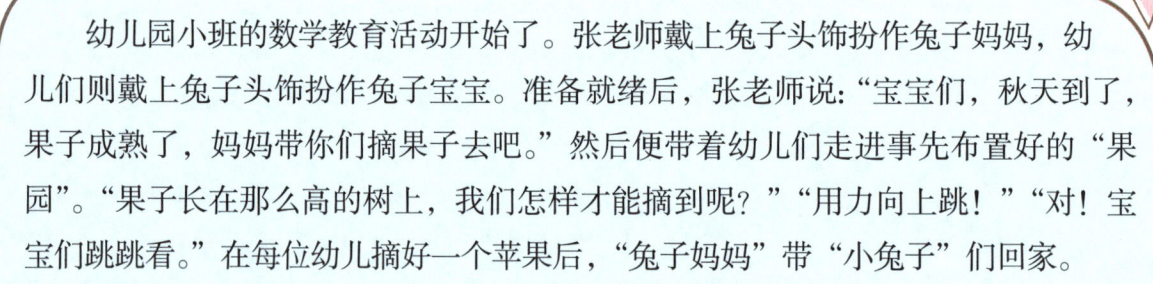

幼儿园小班的数学教育活动开始了。张老师戴上兔子头饰扮作兔子妈妈，幼儿们则戴上兔子头饰扮作兔子宝宝。准备就绪后，张老师说："宝宝们，秋天到了，果子成熟了，妈妈带你们摘果子去吧。"然后便带着幼儿们走进事先布置好的"果园"。"果子长在那么高的树上，我们怎样才能摘到呢？""用力向上跳！""对！宝宝们跳跳看。"在每位幼儿摘好一个苹果后，"兔子妈妈"带"小兔子"们回家。

"宝宝们，看一看，你们摘到了什么颜色的苹果？"

（请一个幼儿上来）"宝宝，你的苹果是什么颜色的？"

"绿色的苹果宝宝。"

"那我们向绿苹果宝宝问个好吧。"

单元十 分类活动

"绿苹果宝宝在哪里？绿苹果宝宝在哪里？请把绿苹果宝宝举起来。"
（摘到绿苹果的幼儿举手）
"你摘到什么颜色的苹果宝宝？"
"红苹果宝宝。"（方法同上）
"宝宝们摘到了许多的苹果，妈妈想把这些苹果分一分，你们愿意帮助妈妈吗？"（出示颜色标记——绿篮子和红篮子）
张老师指导幼儿把绿苹果宝宝放进绿篮子，红苹果宝宝放进红篮子。（分批摆放苹果）
"宝宝们真能干，帮妈妈分好了苹果，妈妈真开心。绿苹果宝宝放进了绿篮子里，红苹果宝宝放进了红篮子里，真好！我们到外面去找一找还有哪些颜色的水果宝宝。"
这是张老师进行的一次分类活动。张老师利用了幼儿能够经常接触到的苹果设计了小班幼儿的苹果分类活动。她的教育活动成功吗？应该如何针对不同年龄段的幼儿进行分类活动？幼儿园各年龄段幼儿的分类活动应该怎样设计？教师该怎样组织和指导幼儿的活动呢？

基本知识

一、分类活动概述

（一）分类活动的概念

分类是从许多错综复杂的事物中，找出共性的东西，并分别进行归类，使人们能更概括地认识客观事物。它是逻辑思维的一个重要组成部分，也是一种智力活动。幼儿园的分类活动要求幼儿把相同的或具有某一共同特征、属性的东西归并在一起。分类教育是感知集合教育的重要内容，既是小班幼儿学习数的知识之前的教育内容，也是中班和大班幼儿学习数的知识以后的教学内容。另外，分类的水平还是幼儿思维逻辑发展水平及概念理解程度的重要体现。

（二）分类活动的意义

1. 分类是认识幼儿数字和学习计数的必要前提

幼儿在日常生活中，接触具有不同大小、不同颜色或不同形状的各种物体，能够根据某

一特征把它们区别开来，然后分别进行归类，才有可能对它们分别进行计数活动，从而认识数的实际意义。

2. 分类是促进幼儿思维能力发展的途径之一

幼儿的思维能力（特别是分类能力）是幼儿数概念形成的基础，它能促进幼儿分析、综合等思维能力的发展。当幼儿进行分类时，要先按照一定要求，对物体逐一进行辨认，这个辨认的过程就是对物体的分析过程；然后在分析辨认的基础上，再将同属一类的物体或同属一种特征的物体归并在一起，这就是综合分析和综合思维的基本过程，所以分类能促进幼儿思维能力的发展。

（三）幼儿分类能力的发展

幼儿的分类能力是在认识事物的过程中逐渐发展起来的。由于幼儿的知识经验有限，又受到语言发展的影响，他们的分类能力具有明显的年龄差异。

3~6岁幼儿分类能力的发展大致经过以下三个阶段：

（1）第一阶段：3岁左右的幼儿不能按某个特征对物体进行分类。这时幼儿对物体的感知是笼统的、模糊的，他们分不清物体的本质特征和非本质特征。

（2）第二阶段：4岁左右的幼儿已能初步识别物体的某些特征和属性，也能根据物体的某些明显的特征进行分类，但是这个阶段的幼儿分类能力还是比较弱的。

（3）第三阶段：5岁左右的幼儿不仅能按物体的颜色、形状等外部特征进行分类，而且开始按物体的用途等特征进行分类。但是幼儿在这时期的分类活动还离不开具体的情景。6岁以上的幼儿能够开始按事物的某些本质特征来分类。

可以看出，幼儿分类能力的发展与幼儿思维的发展有密切联系。幼儿分类能力要经历从无到有、从低级水平到高级水平、从量变到质变的逐渐发展过程。

（四）幼儿分类所依据的特征

（1）按物体名称分类教学（图10-1），即把相同的物体放在一起（图10-2），这是最初的分类，如把文具放在一起，建构积木块放在一起等。

图 10-1　按物体名称分类教学 　　　　　　图 10-2　把相同的物体放在一起

（2）按物体的外部特征分类（图10-3），即按物体的颜色、形状等分类。这里的颜色和形状种类的多少应根据幼儿的实际水平而定，一般3~4岁的幼儿可分两三种，大一些的幼儿可分五六种，如颜色、形状各不相同的几何图形，按颜色将红色的三角形、圆形、正方形放在一起，或按形状将红色、蓝色、黄色的三角形放在一起等。

图10-3 按物体的外部特征分类

（3）按物体量的差异分类，即按物体的大小、长短、高低、粗细、厚薄、宽窄、轻重等量的差异分类。比如按玩具汽车的大小，将大的玩具汽车放在一起，将小的玩具汽车放在一起等。

（4）按物体的空间方位分类，即按天上飞的、地上跑的、水里游的、桌子上的、桌子下的，远处的、近处的等进行分类。

（5）按物体的数量分类，即把分类与认数相结合，既提高幼儿的分类能力，又加深幼儿对数的认识。例如，将有两条腿的小动物放在一起，将有四条腿的小动物放在一起等。

此外，还可以按物体材料的性质、按时间等分类。

（五）幼儿分类所依据的特征的维度与层级

1. 按事物的一个或多个特征分类

幼儿对事物分类可以依据一个特征（即一个维度），也可以依据两个或多个特征（即两个或多个维度）。依据的特征维度越多，分类活动的难度也越大。

（1）按事物的一种特征分类，即一维分类。

例1：按颜色分类（无干扰因素）

给幼儿红、黄、蓝三种颜色的积木块，让幼儿按颜色进行分类，这是最简单的分类，如图10-4所示。

139

（a） （b） （c）

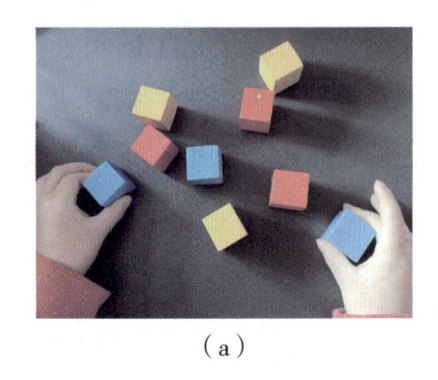

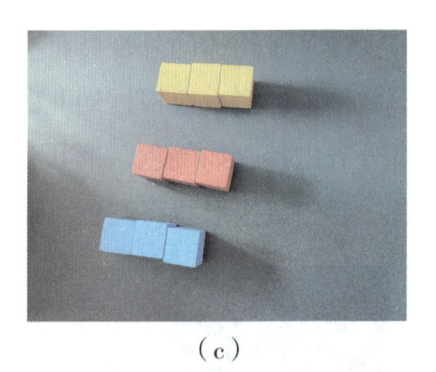

图 10-4　一维分类（无干扰因素）

（a）分类前；（b）分类中；（c）分类后

例2：按形状分类（有干扰因素）

给幼儿提供不同颜色、不同形状的磁力片，让幼儿按形状进行分类，这是有干扰因素的一维分类，如图10-5所示。

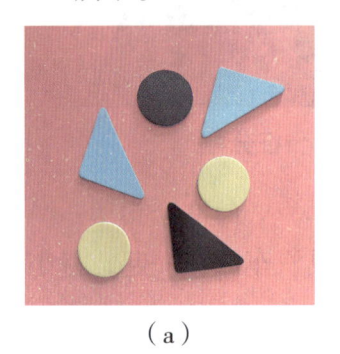

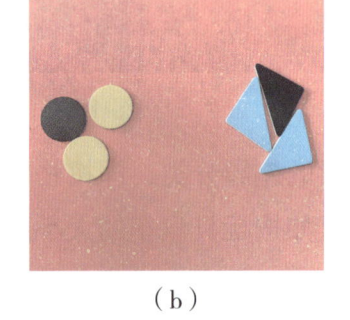

（a） （b）

图 10-5　一维分类（有干扰因素）

（a）分类前；（b）分类后

（2）按物体的两种特征分类，即二维分类。

给幼儿提供形状、颜色不同的磁力片，让幼儿按两种特征进行分类，如图10-6所示。

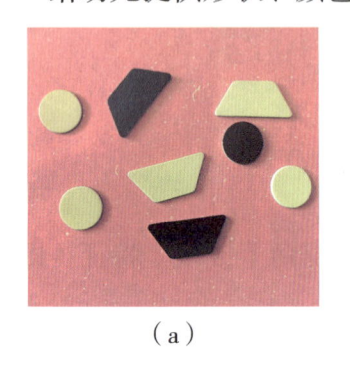

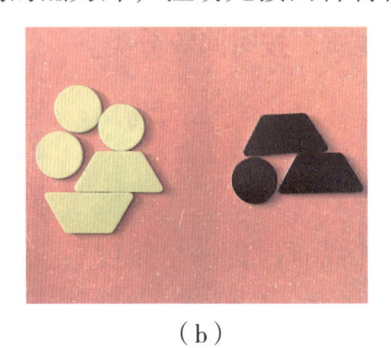

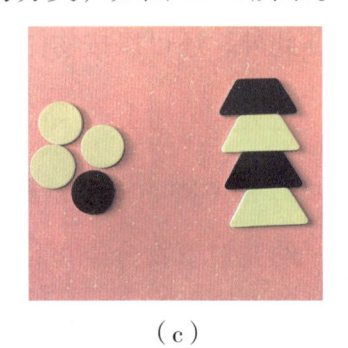

（a） （b） （c）

图 10-6　二维分类

（a）分类前；（b）按颜色分类；（c）按形状分类

（3）按物体的三种特征分类，即三维分类。

给幼儿提供大小、颜色、形状不同的磁力片，让幼儿按三种特征对其进行分类，如图10-7所示。

140

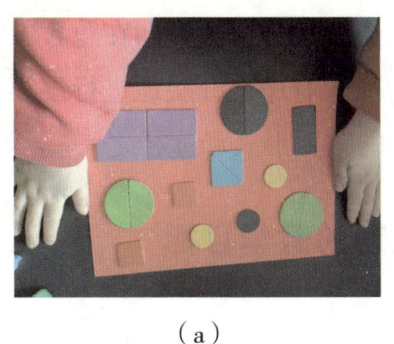

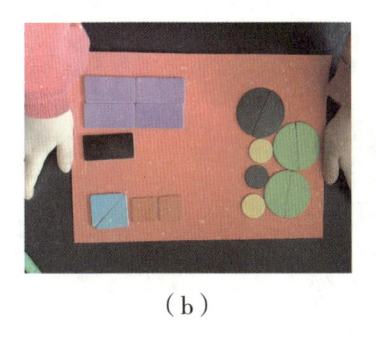

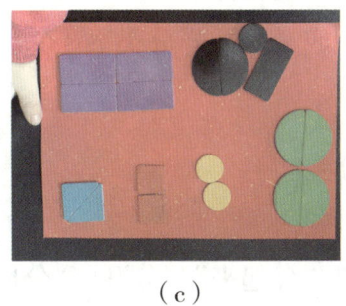

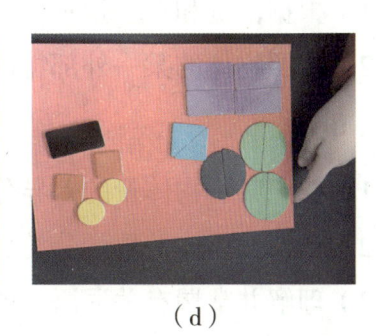

图 10-7　三维分类

（a）分类前；（b）按形状分类；（c）按颜色分类；（d）按大小分类

2. 按事物的特征层级关系分类

层级分类即对物体完成一次分类之后，再对子类进行二次分类，是连续的一维分类，也可以说是二维（及以上）分类的一种转化形式，如图 10-8 所示。在实际活动中常常在层级分类底板上进行操作。层级分类直接反映了物体的类与子类的包含关系，知识和逻辑关系显示得比较清楚，便于幼儿的知识和思维的学习。

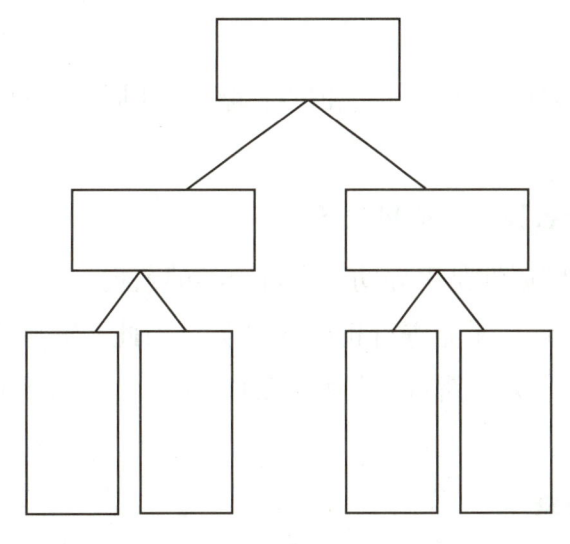

图 10-8　层级分类

例如，幼儿对积木进行层级分类时，先将积木放进分类板最上面的方框，"正方形的"和"长方形的"分成两类放进中间的方框；然后再继续分别按"红色的"和"黄色的"分成

141

两类放进下面一层的方框。如此连续地分下去，即在蕴含着多种不同特征的对象中，启发幼儿按照逻辑的思考确定不同的特征，有序、分层地进行逐级分类。这种分类方法是培养幼儿思维的逻辑性、严密性和系统性的重要形式和途径之一。

二、各年龄班级分类活动的教学目标

1. 小班

（1）根据范例和口头指示分出一组物体。
（2）按照物体的某一外部特征或量的差异分类。

2. 中班

（1）按照某一物体量的差异分类。
（2）学习按物体的数量分类。
（3）理解并掌握有关词语，如"合起来""分开""分成"等。

3. 大班

（1）学习按用途分类和按照物体的两个特征分类。比如大小和颜色、颜色和形状、大小和形状、大小和厚薄等。
（2）多角度分类与自己确定分类标准自由分类，并解释为什么分在一起。
（3）初步理解"类"与"子类"的关系。

三、分类活动的设计与指导

（一）分类活动的设计

幼儿园分类活动多种多样，教学方法和过程也各不相同，但总结其共同性，可以按照以下过程来进行设计。

1. 感知和辨别对象的名称、特征和差异

感知和辨别对象的共同属性是引导幼儿进行分类的前提，幼儿只有充分地感知和辨别分类对象的名称、特征和差异，才能进行正确的分类。因此，教师在展示分类对象后，应根据分类目标，向幼儿提出感知、辨别物体特点的要求，然后给予时间让幼儿充分地观察和感知。

2. 提出明确的分类要求

幼儿明确了分类的要求后，才可以进行分类操作并正确分类，因此，在幼儿进行实际分类操作之前，教师应明确告诉幼儿要按什么标准进行分类，如"请小朋友把红色的积木放到红色的筐子里，把绿色的积木放到绿色的筐子里"，或要求小朋友把红色的正方形积木、绿

色的圆形积木、蓝色的三角形积木分别放到三个筐子里。对于有难度的分类活动，教师也可先示范，再让幼儿操作。

3. 引导幼儿进行分类操作

在这一环节里，教师应提供充足的操作材料和操作时间，让幼儿与同伴、材料和教师进行互动，在充分地观察、交流和探索中学会分类，积累分类的相关经验。此环节需要教师根据分类活动有针对性地进行指导。

4. 师幼共同讨论分类的结果

当幼儿对分类材料已经充分操作后，教师就可以组织幼儿对分类的过程和结果进行交流了，这样不仅可以满足幼儿表达的需要，而且可以相互补充、互相学习，丰富和巩固各自的分类经验。在幼儿讨论的过程中，教师应进一步让幼儿了解"类"和"子类"之间的包含关系。

5. 通过操作、游戏等活动，巩固分类的认识

分类活动的思维训练是不可能一次性完成的，教师应根据活动目标的需要，组织多样化的分类活动和游戏，以满足幼儿进一步学习的需要，并以此来巩固幼儿的分类经验。

（二）分类活动的组织指导

1. 引导幼儿从一维分类到多维分类

幼儿的分类活动根据分类所依据的事物特征，包括一维分类、二维分类和多维分类，而在学前阶段，重点是指导幼儿学习二维分类。在指导幼儿学习不同的分类活动时，教师逐步提高分类难度，从一维分类到多维分类。小班可学习一维分类，在小班末期可开始学习二维分类；对于中班、大班的幼儿，教师要有计划地指导他们学习二维分类和多维分类。

2. 合理地使用干扰因素

分类任务的难度与教师的要求有关，也与材料本身包含的干扰因素有关。分类材料的差异性可产生干扰因素，干扰因素越多幼儿分类的难度也就越大，因此，教师应根据分类的要求和幼儿的实际水平适当控制干扰因素，这样不仅有利于幼儿的分类活动，还有助于幼儿思维的发展。例如，在指导小班幼儿按照物体颜色分类时，教师可以提供给幼儿形状相同、颜色不同的物体；在指导中班时，教师可以提供给幼儿形状不同、颜色也不同的物体，要求幼儿能排除物体形状的干扰，正确地按颜色分类；在指导大班时，教师可在材料中给予更多的干扰，要求幼儿能排除物体的大小、形状等的干扰，正确地按照颜色分类。再如要求幼儿按两种特征区分出红色三角形，那么材料中必须有其他颜色的三角形、红色的其他图形等，这样才有利于幼儿根据两种特征进行分辨，把红色三角形区分出来。

3. 引导幼儿学习多角度分类

多角度分类是教师引导幼儿对同样材料在按照某一特征作分类之后，再重新按照另一特征分类，教师不规定统一的分类依据，鼓励和引导幼儿从尽量多的角度予以分类。多角度分类有利于发挥幼儿的想象力和创造力，通过灵活的思维探索多种答案，对于幼儿的思维训练有很积极的作用。在这种活动中，教师提供的材料要包含多种分类标准，在幼儿练习过程中，教师要鼓励幼儿找出尽量多的分类依据。例如，给幼儿准备圆形的饼干、山楂片、磁力片，以及正方形的磁力片，先引导幼儿观察积木有哪些地方（用途、形状、颜色等）不同，然后让幼儿进行多角度分类。有的幼儿按用途分类，有的幼儿按形状分类，还有的幼儿按颜色分类，如图 10-9 所示。

（a）

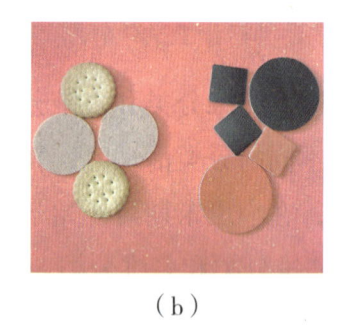

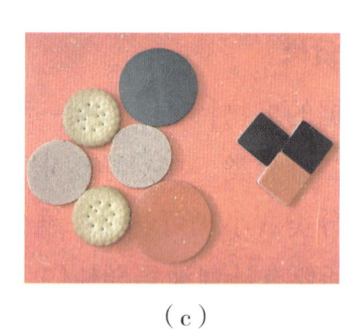

（b）　　　　　　（c）　　　　　　（d）

图 10-9　多角度分类
（a）分类前；（b）按用途分类；（c）按形状分类；（d）按颜色分类

4. 分类活动应与其他活动有机地结合

分类活动在教学中并非一定要专门进行，它往往可以与其他活动内容相结合，在观察认识活动、种植饲养活动、点数、计算、认识几何形体、比较、排序等教学活动，以及各种游戏和日常生活中都可以结合分类的学习。例如，每次游戏结束后，教师引导幼儿整理玩具和教具，把图书放到书架上，积木放到筐子里，或者玩具按种类分别整理好（图 10-10）；在幼儿午餐后，让他们把碗和盘放到一个筐子里，把勺子和筷子放到另一个筐子里等，这些日常活动不仅训练了幼儿的分类能力，也培养了幼儿做事情的条理性和良好的生活习惯。

单元十 分类活动

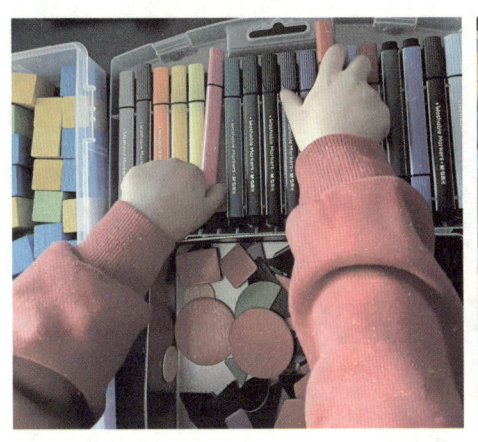

图 10-10 生活中的分类（玩具收纳）

案例评析

案例一：大班分类活动——森林动物超市

一、活动目标

（1）认知目标：通过活动，幼儿能从生活、游戏中感受事物的关系，学会如何分类。

（2）能力目标：通过操作、探索，培养幼儿发现、观察比较、归纳事物特征的逻辑思维能力。

（3）情感目标：体验数学活动的乐趣。

二、活动准备

红、黄、蓝不同颜色伞的图片各2张，小动物的图片各1张，各种的水果图片若干，大小不同的球若干。

三、活动过程

1. 创设情境

在美丽的大森林里，森林动物超市开业了，营业员小熊把一堆乱乱的伞放好。这时，伞说话了："喂喂喂，你可别把我们这么放，我们不这样住，我们要一样住一家。"听伞们这么吵，小熊可急坏了："呀！这，这可怎么办呀？"小朋友让我们一起来帮帮小熊，好吗？

（1）出示图片——红、黄、蓝不同颜色的伞。

（2）小朋友们我们一起擦亮眼睛，仔细观察一下，我们该把伞怎么放才合适呢？（要求幼儿将伞分成三类，贴到黑板上）

（3）让幼儿说出自己分类的理由。

2. 游戏——小动物分房间

森林动物超市开业，许多动物都来逛超市了，逛累了，小动物们就找了三间房子休息，小动物们都想去休息。我们来看一下都有哪些小动物？

145

（1）如图10-11所示，展示图片——啄木鸟、小喜鹊、大老虎、大狮子、大象、小青蛙和小乌龟。

图10-11 小动物分房间

（2）师：只有三间房，却有这么多动物要住，怎么分才能使小动物们满意呢？小动物们都为难了，请小朋友们帮忙分一下，并讲一下这样分的理由。

（3）幼儿小组讨论分法。

（4）找幼儿试着分类并说出分类的理由。

教师总结：我们可以按照小动物的活动范围（水中、陆地、空中），按身体的大小，按凶猛程度或者其他特征来分。

有的幼儿说："大老虎和大狮子还有大象都很大，它们分在一间房。"

"小喜鹊、啄木鸟分在一间房，因为它们都会飞。"

"小青蛙、小乌龟分在一间房，它们都会游泳。"

……

小朋友们为小动物分好房子，小动物们都去休息了，让我们一起来做个游戏轻松一下吧！

3.游戏——分球

游戏要求：找三组幼儿进行比赛，把放在一起的球按大、中、小不同分类，哪组分得又快又好则获胜，可以获得小红花。

4.幼儿动手操作自主分类

（1）师：小朋友们分类的本领这么强，来帮老师一个忙好吗？

让幼儿拿出课前老师发的各种水果、文具、球类的图片，让幼儿按自己的想法动手分类。

（2）让幼儿说出分类理由。

（3）师（总结）：我们可以按照水果类、文具类和球类分类，也可以按吃的、玩的、用的分类。

5. 结束活动

小朋友们这节课的表现真好啊！老师决定要和小朋友们一起去操场做游戏，小朋友们听老师的口令，男孩站一队，女孩站一队，我一起去做游戏。

评析：

大班幼儿的认知、操作、逻辑思维能力在不断提高；同时，他们不仅仅满足于老师所讲授的，更希望通过自己的能力加以证实。本活动创设森林动物超市，为幼儿提供了动手操作的机会，并指导幼儿进行二级分类，使幼儿能将自己对事物的外部特征的认识转为内在的、有规律的思考。

案例二：中班分类活动——小猪送礼物

一、活动目标

（1）认知目标：通过观察活动，按照物品的颜色、形状、大小等不同特征，探索一级分类的多元方法。

（2）能力目标：在动手操作活动中，能用完整的语言大胆表述分类的方法。

（3）情感目标：在动手操作活动中，养成细致观察的习惯。

二、活动准备

（1）水果、车辆的图片。

（2）操作手册。

三、活动过程

1. 情境创设

通过创设"小猪送礼物"的情境，激发幼儿参与观察图片的兴趣。（教师将图片贴在展板上并用布盖上）

（1）情境导入。

师：今天小猪送给我一份礼物，请你们猜一猜是什么礼物呢？

师：谁愿意来说一说，会是什么礼物呢？（教师轻轻揭开布）

（2）认识材料。

师：请小朋友互相说一说，展板上有什么礼物？（幼儿自由讲述）（认识材料：水果、车辆）

师：谁愿意来说一说，展板上有什么礼物？

（通过本环节情景的创设，激发幼儿参与活动的兴趣；通过直观地观看图片，调动幼儿原有的知识经验，寻找与新知识的联系点。）

2. 教师指导讨论分类方法

通过观察活动，按照物品的颜色、形状、大小等不同特征，探索一级分类的多元方法。

147

师：请和你的好朋友互相说一说，可以用什么方法把这些物品分开？（可以根据物品的种类）

师：谁愿意来说一说，可以用什么方法把这些物品分开？

师：还有谁有不一样的想法，请你来说一说。

（本环节让幼儿通过观察，了解分类的不同方法，可以根据物体不同的特征进行分类，如根据物品的种类，水果类要放在一起，车辆类要放在一起，帮助幼儿建立类的概念，不要受物体的颜色、大小、形状的干扰进行分类，此环节是活动的难点。）

3.幼儿动手操作

在动手操作活动中，能用完整的语言大胆表述分类的方法。

师：小猪要想请你们到它家做客，你们想去吗？但是它出了三道难题，做对了就能去小猪家，小猪已经把题目放到了桌子上。请你们轻轻地、迅速地回到自己的座位上坐下来，看一看桌子上有什么？

（1）通过做操作手册，幼儿初步掌握根据物体的某一特征进行分类。

师：请你们用最快的速度把操作手册上的物品分类，请一位小朋友在投影仪下做，比一比谁最快？

师：请你看一看，他做得对吗？

师：请和你的好朋友说一说为什么把它们分成一类？

师：谁来说一说，为什么把它们分成一类？

（通过操作手册的练习，帮助幼儿掌握简单的分类的方法，这样能够让幼儿掌握类的概念。）

（2）通过做操作活动，进一步掌握根据物体的某一特征分类并进行讲述。

师：请1、3、5组各上来一位小朋友，也请2、4、6组各上来一位小朋友，我们再来比赛，比比谁最快。

师：请你把第一个盒子里的图片拿出来，1、3、5组小朋友用最快的速度给妈妈和宝宝送礼物，2、4、6组小朋友给糖果和服装分类。

师：他们的分类，对吗？

师：请和你的好朋友说一说为什么这样分？

师：谁愿意来说一说，为什么这样分？

（3）通过做操作活动，掌握根据物体的某一特征进行分类并进行讲述。

师：最后一关，请你把第二盒里的图片拿出来，用不同的方法把它们分开。

师：请你看一看你分的和展板上的一样吗？

师：请和你的好朋友说一说你为什么这样分。

师：谁愿意来说一说，为什么要这样分？

（在本环节中，幼儿通过操作材料，能够由浅入深、由易到难、层层递进地操作活动，在这个环节中，幼儿能够在活动中通过自己动手，排除颜色、外形、大小的干扰，幼儿在一步一步的操作活动中，掌握按一级分类的多种方法，加深了幼儿对一级概念的多种分类方法，这是活动的难点。）

4. 延伸

师：小猪很高兴，你们已经闯过了三道难关，请小朋友一起到它家去玩。

评析：

皮亚杰认为，数学开始于动作，真正理解数意味着幼儿通过自己的活动发现或能动地建立关系。在这次活动中，教师为幼儿准备了不同难度的材料，让幼儿能够一步一步地深入探索一级概念分类的方法；同时，教师创设不同的情景，吸引幼儿一步一步地进入情景。在操作的时候，教师的指导是安静地等待着幼儿进行操作，这样幼儿是在通过自己思考过后，主动地进行分类，而不是教师硬性的告知。同时，为了提高幼儿操作的速度，教师采用了竞赛的游戏方式，激励幼儿在最快的时间内进行思考与操作，养成了幼儿做事情不拖沓的好习惯。同时在操作完成后，鼓励幼儿大胆地将自己想法讲述出来，这样进一步加深了幼儿对新知识的掌握程度。另外，在讲述时，不同的幼儿有不同的想法，幼儿之间平等地交流，远比教师的"告知"要有效得多。还有，我们把活动延伸到了区域活动中，让幼儿在进行区域活动时，再一次用不同的方法学习分类知识，这样幼儿掌握的知识会更全面，掌握的效果也更好。

知识巩固

1. 名词解释

分类　　二维分类　　层级分类　　多角度分类

2. 简答

（1）幼儿分类活动的意义是什么？

（2）如何指导各年龄段幼儿进行分类活动？

（3）指导分类活动的注意事项有哪些？

实践训练

1. 设计训练

请根据大班幼儿分类能力发展特点，设计一个大班多角度分类活动。

2. 评析训练

下面是一个中班幼儿分类活动案例，请根据本单元所学内容予以评析。

中班分类活动：超市游戏

活动目标：

（1）学习在众多物品中找出具有相同特征的物品，把它们放在一起。

（2）在操作中感知和探索物体的共同特征。

（3）初步培养幼儿的合作意识。

活动准备：

（1）教具准备："超市游戏"，红、黄、蓝呼啦圈各一个。

（2）学具准备："彩色鱼"，红、黄、蓝圆形卡片每人一张，幼儿的衣服、裤子等，各类玩具若干。

活动过程：

1. 预备活动

每个幼儿用一张圆形卡片当方向盘，一边念儿歌（儿歌附后）一边扮演小司机开车走，儿歌结束后，请幼儿找到与汽车相同颜色的停车场（呼啦圈）站好。

2. 集体活动

（1）教师展示"超市游戏"中的水果和蔬菜图片。

师：小司机将许多水果和蔬菜运到了超市里，你们看一看都有什么呢？（幼儿自由说出名称）

师：请小朋友把它们归类，并摆放在货架上。（请个别幼儿操作）

（2）教师与幼儿一起按类别归类。

师：这些蔬菜和水果都放在一起，卖起来不方便，我们将它们归为两类。

（师将白菜、萝卜、苹果、梨分别放在两个货架上作标记。）

师：请小朋友看看，刚才陈老师排的东西有什么特点？（引导幼儿说出一排是蔬菜，另一排是水果。）

3. 分组活动（第二次活动）

将"超市游戏"中的物品图片按名称归类，可分为水果、蔬菜和生活用品三类。

师：请小朋友把水果、蔬菜和生活用品各放一排。

接下来，操作"彩色鱼"。

师：请小朋友将同样大小的彩色鱼摆在一起。

4. 游戏活动

游戏"汽车停"。幼儿站在自己的呼啦圈里面，教师发出口令，站在相应颜色呼啦圈里的幼儿做蹲下的动作。"红汽车停、红汽车停，红汽车停完黄汽车停。黄汽车停，黄汽车停，黄汽车停完蓝汽车停……"各组可交换位置玩游戏。

师：老师说什么颜色停，站在什么颜色呼啦圈里的小朋友要蹲下来。比如老师说红汽车停，站在红色呼啦圈里面的小朋友就要蹲下来。

5.交流总结，收拾学具

师：请小朋友把桌上的学具一个一个放进学具袋子里。

附：儿歌《小司机》

方向盘，手中握，我当司机把车开。

红灯亮了停下来，绿灯亮了往前开。

嘟，嘟，嘟，嘀，嘀，嘀，

我的小车跑得快。

单元十一　排序活动

学习目标

1. 知识目标

了解排序活动的概念、意义及分类；理解幼儿排序活动的设计与组织指导中的规律。

2. 能力目标

初步掌握设计排序活动的能力；基本掌握排序活动的组织与指导能力。

3. 情感目标

在生活和教育教学活动中，逐渐形成用科学的比较及排序方法探究世界的兴趣、意识与习惯。

情境创设

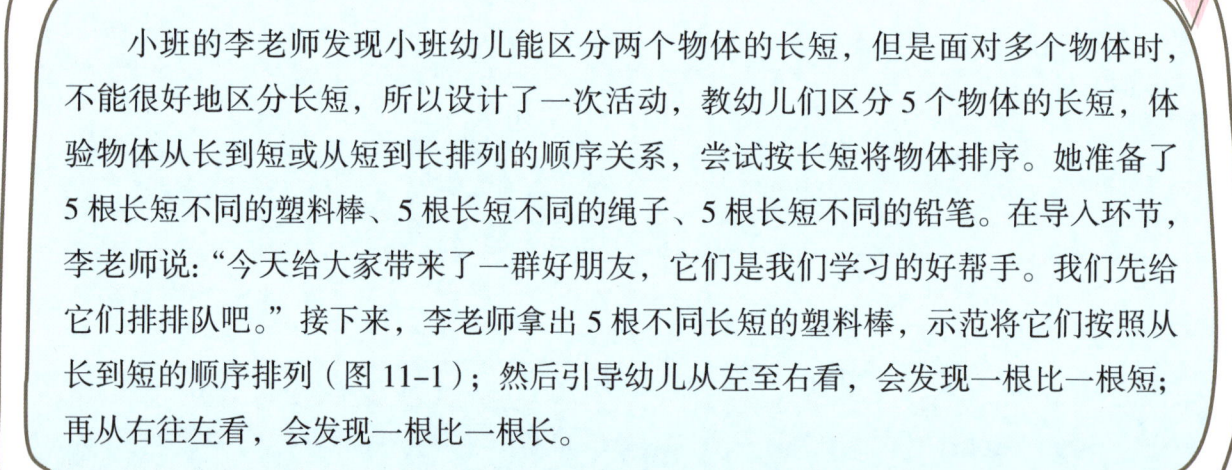

小班的李老师发现小班幼儿能区分两个物体的长短，但是面对多个物体时，不能很好地区分长短，所以设计了一次活动，教幼儿们区分5个物体的长短，体验物体从长到短或从短到长排列的顺序关系，尝试按长短将物体排序。她准备了5根长短不同的塑料棒、5根长短不同的绳子、5根长短不同的铅笔。在导入环节，李老师说："今天给大家带来了一群好朋友，它们是我们学习的好帮手。我们先给它们排排队吧。"接下来，李老师拿出5根不同长短的塑料棒，示范将它们按照从长到短的顺序排列（图11-1）；然后引导幼儿从左至右看，会发现一根比一根短；再从右往左看，会发现一根比一根长。

单元十一 排序活动

然后李老师把塑料棒的顺序打乱，请一个幼儿来重新排列一次，之后又把教具发放给大家，让幼儿操作探索。李老师把幼儿分为三组：第一组操作塑料棒，按从长到短的排序或从短到长的排序；第二组操作绳子，按长短排序；第三组操作铅笔，按长短排序。在分组活动中，教师观察幼儿，待操作完成后，引导幼儿说出自己是怎样给物品排序的。

此次活动属于科学活动中的排序活动。那么如何引导幼儿进行科学活动中的排序活动呢？排序活动应该怎样设计？教师该怎样组织和指导幼儿的活动呢？

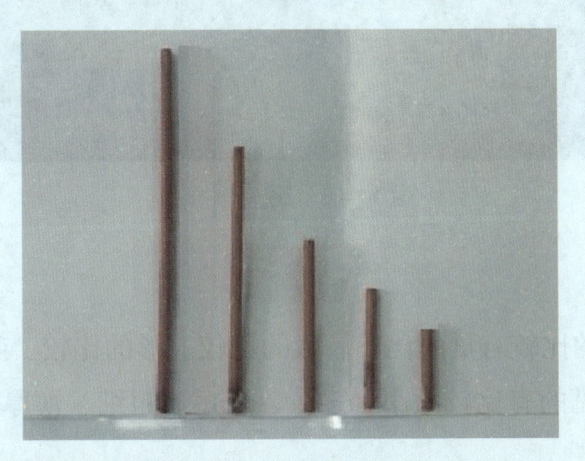

图 11-1 给塑料棒排序

基本知识

一、排序活动概述

（一）排序的概念

排序是指对 3 个或 3 个以上物体进行比较，找出其在某一特征方面的不同及规律，并按照规律进行排列的活动。排序的前提是比较，比较是对两个物体进行观察比对，找出其共同点与不同点。比较与排序（图 11-2）有助于幼儿观察力和思维力的发展，是幼儿科学教育中的一种重要方法。

153

图 11-2 比较与排序

（二）比较的类型

在幼儿教育中常用的比较有量的比较、数的比较、形的比较、颜色的比较等。

（1）量的比较，常见的有比较大小、多少、长短、粗细、薄厚等，如图 11-3 至图 11-5 所示。

图 11-3 比较大小

图 11-4 比较多少

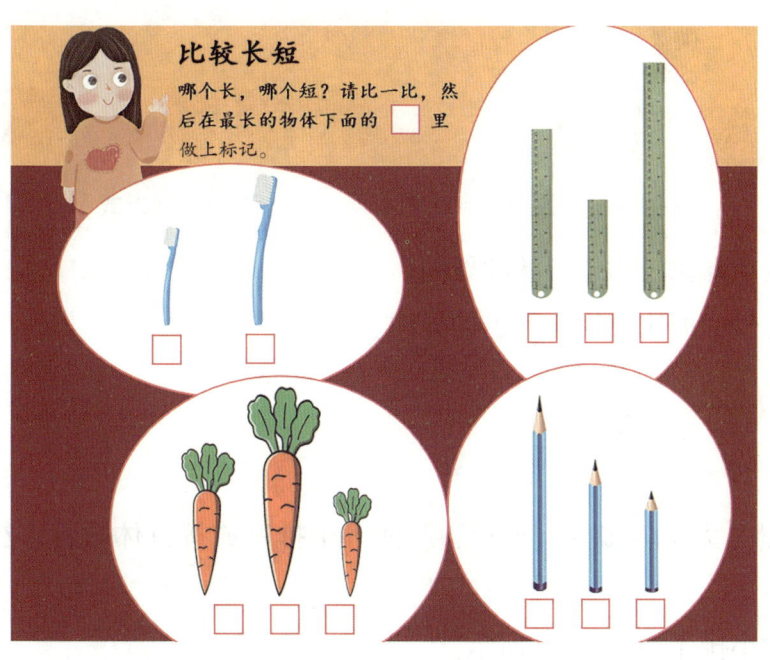

图 11-5 比较长短

（2）数的比较，即比较两组或多组物体具体数量的多少，如图 11-6~ 图 11-8 所示。

图 11-6 数的多少比较（同一物体）

图 11-7 数的多少比较（不同物体）

155

图 11-8　数的多少比较（同一物体不同排列方式）

（3）形的比较，即比较物体形状的异同。

（4）颜色的比较，即比较物体颜色的异同。

（三）排序的类型

1. 按量或数排序

即按物体的量（大小、多少、长短、厚薄等）排序或按具体数目多少排序，包括以下几种。

（1）按量的大小排序如图 11-9 所示。

图 11-9　按量的大小排序

（2）按量的多少排序如图 11-10 所示。

图 11-10　按量的多少排序

156

（3）按量的长短排序，如图 11-11 所示。

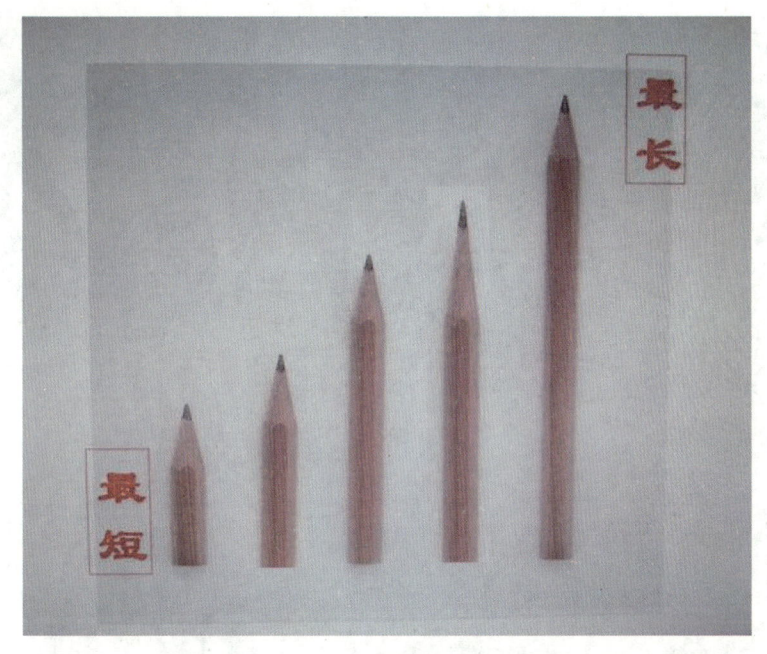

图 11-11　按量的长短排序

（4）按量的粗细、薄厚等排序。

（5）按数的多少排序如图 11-12 所示。

图 11-12　按数的多少排序

2. 按特定规则排序

这种排序活动与按量或数相比有较大的难度，因为其排序所依据的规律不再是数量的顺序，而是比较复杂的规律，需要物体在数、量、形、颜色等方面排出具有某种规律的序列。图 11-13 所示是按照"大正方形、小正方形、大正方形、小正方形……"的规律排序的。

图 11-13　按特定规则排序（一）

还有各种其他的排序活动，如图 11-14~图 11-17 所示。

图 11-14　按特定规则排序（二）

图 11-15　按特定规则排序（三）

单元十一 排序活动

小朋友，请你参照下面图案的排列规律，从贴纸中找出相应的图案按照规律粘贴在后面。看谁粘得又快又准确，然后请你用贴纸中的图案，创编一组规律排序贴一贴吧。

图 11-16 按特定规则排序（四）

想一想，有什么规律？

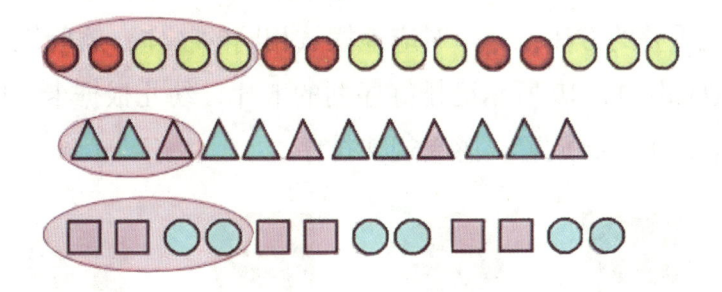

图 11-17 按特定规则排序（五）

二、排序活动的心理基础

排序是对物体进行比较并在比较的基础上建立起顺序。严格来说，比较只能在两个物体之间进行，幼儿在比较了两个物体之后，再把其中一个物体和第三个物体进行比较，然后根据事物之间关系的可逆性和传递性，概括出规律。因此，思维的可逆性和传递性是排序活动的心理基础，思维的可逆性即能够逆向推理，如 A 比 B 长，则 B 比 A 短。思维的传递性是指在思维中能够理解事物之间的关系可以通过中介进行传递，例如，如果 A=B，B=C，则 A=C；如果 A>B，B>C，则 A>C。

根据皮亚杰的研究，3~6 岁儿童处于前运算阶段，此年龄段的儿童思维还不具有可逆性和传递性，但在幼儿园教学中，仍然可以进行排序活动，虽然幼儿还不能理解排序的数理原

理，但是排序活动是幼儿思维的训练，有助于幼儿思维品质的提高。

三、各年龄班级排序活动的目标及指导

1. 小班

（1）小班幼儿能够感知物体的大小和长短的差异，能按照物体量（大小、长短）的差异进行5个以内物体的排序。

教师对幼儿的指导要有合理的方法与策略，如果是3个物体排序的指导策略，可以先指导幼儿找出最大（长、粗、厚）的，然后再找出最小（短、细、薄）的，最后把剩余的放在中间。例如，教师为幼儿提供正方形卡片，指导幼儿比较卡片的大小，先找出最大的，再找出最小的，然后把剩下的放中间，即完成了大小排序，如图11-18所示。

图11-18 正方形卡片排序的指导

（2）小班幼儿可仿照简单的规律进行模仿式排序，幼儿通过观察，发现物体排序的规律，在排序物体上用重叠的方法，一一对应地摆放相同的物体，体验规律排序。

例如，教师摆放如图11-19所示已排好序列的卡片，幼儿根据卡片的形状一一对应地在教师已排好序列的卡片上重叠放置，感受规律排序。

图11-19 模仿排序

2. 中班

（1）中班幼儿在小班的基础上，认知能力明显提高，能按物体量（长短、高低、粗细等）的差异和数量多少进行7个以内物体正逆排序。正排序即从小到大的顺序排列，逆排序即从大到小的顺序排列。

教师指导3个以上物体的排序常用的策略是：从一堆物体中先找出最大（长、粗、厚）的摆好，然后再逐个从剩余物体中找出最大（长、粗、厚）的，依次摆好。同时，教师也可以再指导幼儿逆向排序，即先找出最小（短、细、薄）的摆好，然后再逐个从剩余物体中找出最小（短、细、薄）的。

顺排序和逆排序的轮流进行，能够训练幼儿思维的可逆性。例如，教师为幼儿提供6张

高低不同的树的卡片，指导幼儿根据树的高低对树进行由高到低排序，再由低到高排序，如图 11-20 所示。

图 11-20 顺排序与逆排序

（2）幼儿能够对 7 个以内的物体按数量逐一增加或逐一减少的顺序排列。

例如，教师为幼儿提供盘子和苹果，幼儿从 1 开始，每盘增加一个，直到最后一盘苹果为 5 个为止。或者教师为幼儿提供小棒，从 7 个开始，每排减少一个，直到最后一排为 1 个小棒为止。

（3）中班幼儿在小班简单规律排序的基础上，能够通过观察发现排序的规律，并根据规律延续排序。

例如，如图 11-20 所示，教师出示不同颜色的小鱼的规律排序，幼儿通过观察发现，小鱼是"橙色—绿色—绿色"的排序规律，幼儿可以按照相应的规律继续向下排序，如图 11-21 所示。

图 11-21 引导幼儿发现规律

3. 大班

（1）大班幼儿对数量的认识逐渐提高，能按物体量（长短、高低、粗细等）的差异和数量多少进行 10 个以内物体的正逆排序。

例如，幼儿可根据圆柱体的粗细，对圆柱体做从细到粗或从粗到细的排序。

（2）大班幼儿在小班、中班规律排序经验的积累中，能看出生活中各种排序的规律，能按照规律进行排序；能用重复的声音和动作表现不同的规律；能使用不同的材料遵循一定的规律来美化环境，并对规律做出描述；知道"红—绿—绿""圆—正方形—正方形""拍手—跺脚—跺脚"的规律是一样的。

例如，教师先将活动室内的书籍、玩具等按规律摆放，引导幼儿发现活动室中有哪些按规律排序的物体，并让幼儿用语言、声音、动作等描述是什么样的规律。另外，教师还要给幼儿提供各种颜色的纸花，让幼儿用这些纸花按照自己创造的规律制作花环，装饰活动室。

案例评析

案例一：大班数学活动——按不同属性排序

一、活动目标

（1）学习按物体的厚薄、粗细、高矮进行7以内的正、逆排序。

（2）发展幼儿思维的可逆性、传递性和双重性。

（3）培养幼儿爱动脑、爱学习的良好习惯。

二、活动准备

（1）7张厚薄不同图书的图片。

（2）7张高低相同、粗细不同的树桩图片。

三、活动过程

1. 活动导入

请幼儿观察1张图片，并说一说发现了什么有趣的地方，然后总结规律。

2. 基本过程

（1）厚薄的排序。

你们知道它们是谁吗？（出示厚薄不同的图片，7张）

可是它们没有名字，我们来帮它们起名字好吗？（让幼儿按照从薄到厚的顺序取名）

你们看看哪一本书是最薄的？它就叫老小。

我们把老小送回家，剩下的谁是最薄的？那它就是老六。

再看看剩下的谁是最薄的？……

下一个应该是谁呢？……

依次类推，在教师的引导下，让幼儿能够找到一个既快速又准确的方法。

它们又要出来玩了，这次它们是老大先出来的。（让幼儿自行操作，用每次都选出最厚的方法按从厚到薄的顺序排列）

（2）粗细的排序。

这些书们出来玩，感到很累，这个时候它们发现了一些树桩。就商量在树桩上坐一会儿，休息一下，可是他们应该怎样安排呢？

（出示7张高低相同、粗细不同的树桩图片）他们想把这些树桩按从细到粗排序，怎样排呢？

引导幼儿用前面的方法，依次找到最细的方法进行排序。

这时，他们想换换位置，把这些树桩从粗到细排序，那又该怎样排序？

请几个幼儿用相同的方法操作，然后排序。

（3）高低排序。

它们玩得很开心，你们想不想也出去玩？但我们要排队才行。

将全班幼儿按人数分成六组，进行从高到低、从低到高排序。

3.结束部分

排好队，与幼儿一起"开火车"出去。

评析：

本次活动学习了按照厚薄、粗细、高低三个特征对事物进行排序，并且在顺排序之后又进行了逆排序，内容设计合理，是非常好的思维训练活动，在活动过程中，教师采取了恰当的教学策略和方法，即每次从中找出最极端的，然后可以形成序列。建议教师再鼓励和引导幼儿自己探索出更多的排序策略，这样对幼儿思维品质的提高有更大的帮助。

案例二：大班数学活动——按规律排序

一、活动目标

（1）知识目标：在教学情境中感知物体的大小、形状、颜色、数量等特征，探索按物体的两个以上特征进行有规律排序的方法。

（2）能力目标：尝试运用有规律排序的方法对物品进行装饰。

（3）情感目标：感受与体验周围生活中物体排序的规律美，提高审美情趣。

二、活动重难点

活动重点：观察、探索排序的规律。

活动难点：自主创造规律对材料即兴进行装饰。

三、活动准备

（1）创设"奇妙乐园"环境：在活动室内布置有规律排序的红灯彩条、气球彩条、图形彩条，在橱柜上、桌上摆放各种有规律的物品图案。

（2）智慧姐姐帽子一顶、纸帽若干，各种颜色的即时贴图案、皮带，五种颜色毛线若干，塑料盘子和橡皮泥。

四、活动过程

（一）创设"奇妙乐园"情景，引导幼儿探索有规律排序的物体

1.导题激趣，引起幼儿学习兴趣

师："今天，我是智慧姐姐（戴上帽子），我要带领小朋友到'奇妙乐园'去玩，'奇妙乐园'里有许多小秘密，小朋友们很聪明，肯定能发现它们的。"

2.带领幼儿参观"奇妙乐园"，寻找装饰彩带的排序规律

（1）观赏装饰带，寻找排序的规律。

"小朋友们，你们看，这里有几条装饰带？这三条装饰带漂亮吗？它们分别是用什么装

饰的？"（引导幼儿说出是用红灯、气球、图形装饰的）

（2）启发幼儿说说发现装饰带排列的秘密。

红灯彩带排列规律：一大、一小、一大、一小……

气球彩带排列规律：一红、二绿、一红、二绿……

圆形彩带排列规律：两个圆形、两个方形、两个圆形、两个方形……

（3）小结：红灯彩带是按大小有规律重复排序的，气球彩带是按颜色和数量有规律排序的，图形彩带是按不同形状有规律排序的。

3. 引导幼儿在乐园里寻找有规律排序的物品

（1）幼儿自主寻找、自由交流。

"'奇妙乐园'里的橱柜、桌上、架子上摆放了许多物品，你们可以运用刚才学的本领去找找，有什么物品是按规律排序的。"

（2）幼儿集体交流，说说找到什么有规律排序的物品了。

①"哪个小朋友先来告诉智慧姐姐，你发现'奇妙乐园'里有什么物品是按规律排序的？"

②请幼儿把自己发现按规律排序的物品拿过来向小朋友介绍、交流。在交流中重点引导幼儿去发现其排列规律，注意验证幼儿拿到的物品是否按规律排序，知道要有两组以上重复排列才是有规律的排序。

（3）教师小结："刚才小朋友表现得都很棒，在'奇妙乐园'的橱柜、桌上和架子上的物品中能发现许多小秘密，它们有的是按不同颜色、大小、形状一组一组重复排列的，把小被子、裙子、阳伞、小盘子、溜溜梯装饰得很美。大家很聪明、很能干，在生活中利用各种图案进行有规律排序，让我们用的、玩的物品更漂亮了！"

（二）当个小小艺术家

（1）鼓励幼儿当个"小小艺术家"，引导幼儿根据"奇妙乐园"中所提供的材料，运用已学知识（按规律排序）自由设计装饰小帽子、小盘子、皮带。

（2）介绍各组的装饰材料及装饰方法。

①第一组：装饰"帽子"。提供纸帽、各种颜色即时贴的图案。启发幼儿运用有规律排序的本领把帽子装饰得更美。

②第二组：装饰盘子。提供塑料白盘子、彩色橡皮泥。引导幼儿用彩色橡皮泥捏出喜欢的花样，捏好后按规律排列在盘子边沿，使盘子更美丽。

③第三组：装饰皮带。提供纸皮带、五颜六色的毛线若干。引导幼儿用五彩毛线按规律排序把皮带装饰得更漂亮。

（3）幼儿自主选择小组操作活动，智慧姐姐巡视指导。

（4）展示"作品"，组织幼儿观赏，共同评价。

（5）小结："小朋友今天表现得很棒，能把学到的本领（按规律排序）运用起来，装饰在帽子、盘子、皮带上，让它们更漂亮！"

（三）幼儿与"作品"同乐

幼儿拿上自己的作品，跟随《洋娃娃和小熊跳舞》乐曲自由舞蹈。

五、活动延伸

（1）数学区角：投放彩珠、塑料插管、雪花片、图形卡……让幼儿进行有规律排序练习。

（2）鼓励幼儿在户外、家中等地观察有规律排序的物品，发现后与其他幼儿、老师互相交流。

评析：

"按规律排序"这一数学活动，教师创设"奇妙乐园"情境，贯穿于整个教学活动过程，采用"主动参与、乐于探究、交流与合作"的学习方式，适时地提供时间与空间，鼓励幼儿与环境互动，在探索、操作、发现、感知中获得有关数学现象——有规律排序的方法，并学会运用数学解决生活中的问题。教师注重各领域间的融合，有机地向艺术领域渗透，体现了活动的综合性、趣味性和可操作性，很好地发挥了各领域的互补作用。另外，在活动中的舞蹈环节，教师带领幼儿，跟随音乐，有规律地跳舞，这样更有助于幼儿对规律的理解。

知识巩固

1. 名词解释

排序　　比较

2. 简答

（1）比较活动和排序活动各有哪些类型？

（2）如何指导幼儿的排序活动？

实践训练

1. 设计训练

请设计一个中班的按规律排序活动。

2. 评析训练

下面是一个排序活动案例，请根据本单元所学内容予以评析。

大班数学活动：彩石铺路

幼儿园大班的数学教育活动开始了。杨老师说今天要带领小朋友们去春游，跟他们一同前往的还有小兔、小猪、小熊，大家约好在大树下集合。小兔、小猪、小熊要分别从自己家

走过一条小路才能到达大树下。"它们走的小路上都铺上了漂亮的彩色石头（图11-22），让我们去欣赏一下吧。"杨老师播放PPT，让幼儿观察小兔、小猪、小熊走的小路上的彩色石头是怎样的。

"先来看小兔，它走的小路上的石头是什么颜色的呢？"（红色、绿色）

"红色和绿色的石头摆放有规律吗？我们大家一起找找石头摆放的规律吧。"（一块红色、一块绿色、一块红色、一块绿色……）

"小兔走的路是按照一块红色、一块绿色的顺序排列的，再看看小猪，它走的小路上的石头是什么颜色的呢？"（绿色、蓝色）

"绿色和蓝色的石头是按照什么规律摆放的呢？"（两块蓝色、一块绿色、两块蓝色、一块绿色……）

"那小熊走的路上都有什么颜色的石头呢？"（黄色、蓝色、红色）

"这三种颜色的石头是按照什么规律排列的？"（一块黄色、一块蓝色、一块红色、一块黄色、一块蓝色、一块红色……）

"小动物们走的小路都有这么多漂亮的彩色石头，而且每条路上的彩色石头都是按照规律来排列的。小朋友们喜欢这样的小路吗？"

图11-22 彩石铺路

"大家在春游的过程中，又遇到了工人师傅在铺设这样的小路（图11-23），可是，他突然忘记了应该怎么继续铺下去了，小朋友们能帮帮他吗？"

小杨老师用PPT又展示出了一条没有铺完的小路，引导幼儿找出小路铺设的规律，按照规律继续进行填画……

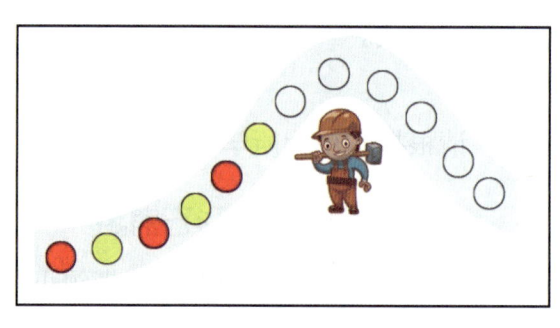

图11-23 工人师傅铺小路

参考文献

[1] 刘占兰. 学前儿童科学教育 [M]. 北京：北京师范大学出版社，2008.

[2] 夏力. 学前儿童科学教育活动指导 [M]. 上海：复旦大学出版社，2009.

[3] 张俊. 幼儿园科学教育活动指导 [M]. 北京：人民教育出版社，2008.

[4] 郦燕君. 学前儿童科学教育 [M]. 北京：高等教育出版社，2011.

[5] 施燕. 学前儿童科学教育 [M]. 上海：华东师范大学出版社，2006.

[6] 郭治. 幼儿科技活动 [M]. 北京：中国科学技术出版社，1995.

[7] 徐青. 学前儿童数学教育 [M]. 北京：高等教育出版社，2011.

[8] 黄瑾. 幼儿园数学教育与活动设计 [M]. 北京：高等教育出版社，2010.

[9] 林嘉绥，李丹林. 学前儿童数学教育 [M]. 北京：北京师范大学出版社，1994.

[10] 张慧和，张俊. 幼儿园数学教育 [M]. 北京：人民教育出版社，2004.

[11] 金浩. 学前儿童数学教育论 [M]. 上海：华东师范大学出版社，2000.

[12] 张慧和，张俊. 幼儿园数学教育活动指导 [M]. 北京：人民教育出版社，2009.

[13] 黄瑾. 学前儿童数学教育 [M]. 上海：华东师范大学出版社，2007.

[14] 张俊. 给幼儿园教师的101条建议 [M]. 南京：南京师范大学出版社，2007.

[15] 徐苗郎. 我的幼儿园数学活动模式 [M]. 上海：上海社会科学院出版社，2011.

[16] 葛凤林，陈立. 数学教育走进幼儿生活的探索与研究 [M]. 北京：北京师范大学出版社，2009.

[17] 孙汀兰. 学前儿童数学教育的理论与实践 [M]. 北京：科学出版社，2009.

[18] 刘立民. 学前儿童科学教育概论 [M]. 沈阳：辽宁科学技术出版社，2007.

[19] 陆兰. 幼儿科学教育与活动指导 [M]. 北京：北京师范大学出版社，2011.

[20] 高芹. 幼儿科学教育 [M]. 海口：南海出版公司，2009.

[21] 林荣辉. 幼儿科学教育活动指导 [M]. 北京：北京师范大学出版社，2002.

[22] 华东七省市、四川省幼儿园教师进修教材协编委员会. 幼儿园各科教学法 [M]. 上海：上海教育出版社，1987.

[23] 王志明. 学前儿童科学教育 [M]. 南京：南京师范大学出版社，2001.

［24］王月媛．幼儿园目标与活动课程教师用书［M］．北京：北京师范大学出版社，2001．

［25］章志光．心理学［M］．北京：人民教育出版社，2000．

［26］吴庆麟．教育心理学［M］．北京：人民教育出版社，1999．

［27］陈琦，刘儒德．教育心理学［M］．北京：北京师范大学出版社，2001．

［28］［美］理查德·格里格，菲利普·津巴多．心理学与生活［M］．16版．王垒，王甦，等，译．北京：人民邮电出版社，2003．

［29］［意］蒙台梭利．蒙台梭利幼儿教育科学方法［M］．任代文，译．北京：人民教育出版社，2001．

［30］陈帼眉，冯晓霞，庞丽娟．学前儿童发展心理学［M］．北京：北京师范大学出版社，1995．

［31］姚梅林．幼儿教育心理学［M］．北京：高等教育出版社，2001．

［32］周欣．儿童数概念的早期发展［M］．上海：华东师范大学出版社，2004．

［33］李娟．促进教师观察了解儿童学习与发展水平的研究——以4~5岁儿童数概念学习为例［D］．上海：华东师范大学，2011．

［34］祝笀立．学前儿童科学教育［M］．北京：高等教育出版社，2014．